とどまることのない
革新の80年、
最先端を支える
生産革新の歴史

80年続いてきた革新

帝国通信工業・著

発行：ダイヤモンド・ビジネス企画　発売：ダイヤモンド社

はじめに
―― 本書出版の目的 ――

私が代表を務める帝国通信工業株式会社（以下、当社）は、1944（昭和19）年8月1日、創業者・村上丈二によって設立されました。すなわち、本書の出版は当社の創業80周年記念行事の一環として企画されたものであります。

80年といえば、人間なら「傘寿」といわれる年齢に相当します。超高齢社会といわれる昨今の社会事情に照らし合わせても、「後期高齢者」もいいところですが――人間の年齢との最大の違いは、企業は世代交代を繰り返しつつ、いつまでも若くあり続けることができる、ということです。現に、日本全国には創業100年を超える老舗企業が約4万3000社もあるといいます。80年くらいでは、企業としてはまだまだ洟《はな》垂れ小僧の部類なのかもしれません。

自分自身のことを申し上げれば、私は1958（昭和33）年、長野県飯田市の農家の長男として生まれました。子どもの頃には当然のように、将来は実家を継いで農業をしているだろうというくらいに思っていました。それが――どこで曲がり角を間違えたものか――工業高校を卒業して電子部品メーカーに就職し、無我夢中で働いているうちに、ふと気が付けば、このような立場になっておりました。

正直なところを申し上げれば――今でも、何かの間違いではないか、自分などがこんな偉そうな肩書を名乗っていいものだろうか、という思いが脳裏を去来することがたまにあります。如何《いか》に「地位が人をつくる」とはいっても、自分のような人間が、こんな大きな会社のトップでいていいものだろうか？　その思いは、おそらく、いつか社長の地位を退くその日まで続いていくのではないかと感じております。

とはいうものの――こうして責任ある立場に就いた以上、最後の瞬間まで、社長としての責務を全うしなければなりません。80年に及ぶ当社の歴史、その間に諸先輩方が培ってきた「帝通」あるいは「ノーブル」というブランド力と伝統の重みを次世代に伝えるだけでなく、彼らがこれからの新しい時代を力強く生き抜いていくための、ささやかな知恵を後世に残していきたい。「歴史は繰り返す」という言葉がありますが、これまでの80年間に起こってきた出来事、今まさに起こりつつある出来事から得られる教訓が、未来の当社を導いていく後進たちがいつの日か直面するであろう困難や障壁を乗り越えるための、ちょっとしたヒントになることもあるでしょう。

そこで、本書では、私が代表を務めている現在――2024（令和6）年を基軸に、これまでの当社の歩んできた歴史とリアルタイムでの取り組み、そして、その中にあって当社を支え続けてくれている多くの社員の皆様にご登場いただき、それぞれの生の声をできるだけ紹介していくことで、帝国通信工業という会社のことを、より多くの皆様に知っていただきたいと考えております。

当社はいわゆるBtoB企業であり、一般消費者の皆様におかれましては、なじみの薄い存在であると思います。しかし、当社が製造し、様々なメーカー様に直接あるいは商社様を介して納入している部品の数々は、皆様のお手元にある電化製品などの内部でひっそりと活躍していることと信じております。また、ふだん、ほとんど意識されることはなくても、皆様がその指で操作されている電化製品のスイッチの中には、実は当社で作っているものがあるかもしれません。

あんな物から、こんな物まで――当社の製品は、皆様にとって思いがけない身近な存在であるかもしれません。


現在、「日本のものづくり」は少なからず苦境に立たされております。

私が生まれた頃には、メイド・イン・ジャパンは「安かろう悪かろう」の代名詞とさえ呼ばれていました。それが、高度経済成長を経て様々な技術革新を成し遂げ、「安くて、高機能で、高品質」なメイド・イン・ジャパン製品は世界中のマーケットを席巻するようになりました。しかし――それから半世紀余りが過ぎた今、再びメイド・イン・ジャパンの価値は大きく揺らぎ始めています。

そんな時代を象徴するかのように、2024年7月には新札が発行され、最高額紙幣の肖像に選ばれたのは「近代日本経済の父」と呼ばれる渋沢栄一翁でした。かつて渋沢翁がめざした、「ものづくり大国ニッポン」の夢を、再び私たちの手に取り戻さなければなりません。

今こそ、日本のものづくりの復権に全力で取り組む時なのです。

「継続は力なり」

これは、私の好きな言葉です。かつて、私が生産技術部門にいた頃、あきらめず継続して作業指導すると、必ず相手の力が高まっていくのを実感できたものです。あきらめたらその時点で終わりです。すべての社員がこの言葉を胸に、これからもものづくりの道をたゆまず歩み続けていくことで、私たちは広く社会に貢献していく所存であります。

2024年12月吉日

帝国通信工業株式会社　代表取締役社長　羽生満寿夫

目次

第2章 趣味の世界でユーザーに寄り添う帝通の技術

第3章 日々の暮らしを快適にするための帝通の技術

Column1 最先端・最先鋭へ挑む人々の肖像①

第6章 生産現場の革新と効率化に挑む帝通の技術

Column2 最先端・最先鋭へ挑む人々の肖像②

終章 これからも最先端を追い続ける帝通の未来

終わりに ——制作を終えて——

序章

帝通の歩んだ80年を振り返る

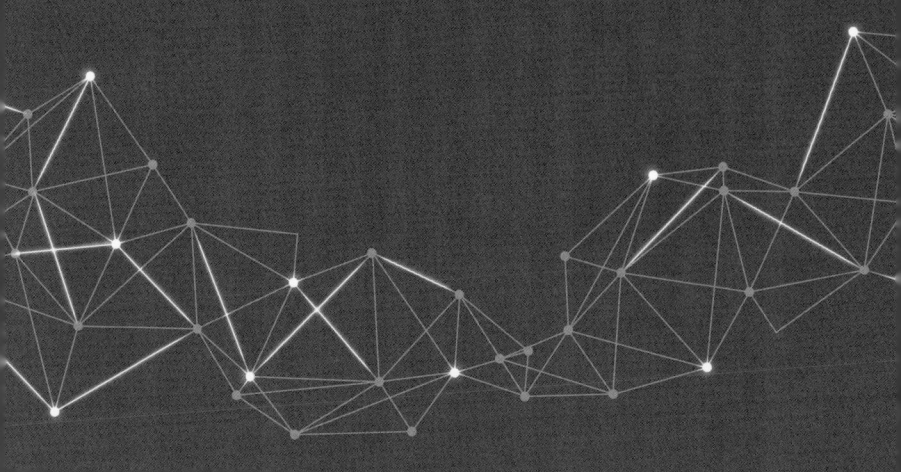

無線通信機部品の専門メーカーとして誕生した帝国通信工業

帝国通信工業株式会社の設立年月日は、1944（昭和19）年8月1日――後世の視点から見れば終戦のわずか1年前であり、国家経済がいよいよ切迫していた時期でもある。そんな時代に、ゼロから会社を立ち上げることができたとも思えない。それも道理で、帝国通信工業の前身である東京無線器材製造株式会社は、1939（昭和14）年1月に東京無線電機株式会社の部品部門と合成樹脂部門が独立して設立された無線通信機用の部品生産専門会社であった。

創業当初の東京無線器材製造は、母体である東京無線電機だけでなく、「各社に優れた部品を供給する」ことを設立趣旨に掲げていた（ただし、当時の売上高の90％は東京無線電機が占めていた）が、わずか2年後の1941（昭和16）年3月には東京無線電機に併合され、東京無線電機株式会社器材工場となる。後に帝国通信工業初代社長に就任する村上丈二は、この時同器材工場の取締役工場長という立場にあった。

同年12月8日、真珠湾奇襲を皮切りに太平洋戦争（当時の呼称では「大東亜戦争」）が勃発する。この時期、村上丈二工場長は『東京無線彙報』（昭和17年1月号）に「大東亞戰爭下に於ける我器材工場の決意」と題する文章を発表している。戦時下に書かれ

帝国通信工業（株）設立記念式典（1944年　昭和19年8月）

た文章ということもあり、その内容は概ね好戦的・国粋的言辞に満ちたものであったが、中には、その後の帝国通信工業の「ものづくりの基本」として継承されている部分も少なくない。一部抜粋してみよう。

「（略）優秀なる器材は電氣、機械、物理、化學各専門技術者の完璧なる協働の中からのみ生れ得ると思ふ。

協働と創意性の發揮は器材製作に従事する技術者の大切なる條件である。（略）」

「（略）器材の大量生産の徹底的なる合理化に依つて初めて可能である。器材の規格統一は大量生産の前提條件であり、我々は各種規格委員會と密接に連絡を取り、治具、ゲージ、指導票を活用し、作業分析を出發點とする工程管理に依つて生産の増加を計らねばならない。（略）」

（原文ママ）

戦時下といえば、軍国主義的価値観に基づく「根拠のない精神論」が横行していた時代であったと思われがちだが、右の引用箇所に見られるように、村上丈二の考え方は極めて近代的な合理主義精神にあふれていた。「コミュニケーションの重視」や「合理的

1946年 昭和21年頃の正門

な工程管理」など、21世紀を迎えた現在の工場にもそのまま当てはめることができるだろう。

このような近代的思想の持ち主であった村上丈二を長とする器材工場では、その後、軍需工場に指定され軍の支配下に置かれても、なお、独立独歩をめざす気概があった。そして、東京無線電機に併合されてから3年余を経た1944年3月31日、村上丈二が発起人代表となり、海軍省経理局長に新会社の設立を申請したのである。同年6月4日には海軍省から許可が下り、前述した通り同年8月1日付で、東京無線電機器材工場およびその所属工場の業務一切を継承して、新会社「帝国通信工業株式会社」が誕生することになった。

新会社は資本金1500万円（資本構成は東京無線電機株式会社40%、日本無線株式会社15%、東京芝浦電気株式会社15%、鐘ヶ淵通信工業株式会社15%、住友通信工業株式会社15%）、代表取締役に村上丈二が就任し、出資元である5社から迎えた役員を含め取締役10名体制で発足した。

設立当初の主要生産品目は以下の通りである。

1．コンデンサ類（マイカコンデンサ、アセチルセルローズコンデンサ、密閉型紙コ

マイカコンデンサ

トグルスイッチ

ンデンサ、磁器コンデンサ)

2. 変成器および巻線類(変成器、巻線抵抗器、小型可変抵抗器)

3. バリコン

4. 転換器(トグルスイッチ、電源切替スイッチ)

5. 絶縁物成型品(絶縁材料、成型品)

6. 音響機器(マイクロフォン、送話器、レシーバー)

7. その他機械部品(コネクタなど)

設立の背景からも明らかなように、当初は軍需会社としてスタートした帝国通信工業であったが、すでにこの頃、戦局は悪化の一途を辿《たど》っていた。設立3カ月目の同年11月には、東京が初の空襲を受けた。日に日に空襲が激化していくのに伴い、帝国通信工業は生産拠点の疎開計画を検討し、現在の長野県駒ヶ根市に3700坪(1万2200㎡)の用地を確保して赤穂《あかほ》工場の建設に着手した。

赤穂工場の建設に際しては、翌1945(昭和20)年4月より赤穂国民学校(現・赤穂中学校)の教室の一部を工場に転用し、生徒が学徒動員されて部品の組み立てを行うなど、急ピッチで進められた。だが――同年8月14日に創立記念式典が開催されると、

小型可変抵抗器　1946年
昭和21年生産開始

赤穂工場事務所　正面玄関

皮肉にもその翌日には終戦を迎えることになったのである。

大戦末期の混乱の渦中に旗揚げした帝国通信工業は、こうして設立後わずか1年にして存亡の岐路に立たされることになった。

戦後の混乱からの再建、そして生産拡充へ

軍需会社としてスタートした帝国通信工業は、終戦により操業停止に追い込まれたものの、幸いなことに本社および赤穂工場の生産設備にはほとんど損傷を受けておらず、民需産業への転換が可能であった。そこで、ＧＨＱ（連合国軍最高司令官総司令部）からの民需物資生産再開指令を受けて、本社工場は１９４５年10月から、赤穂工場は同年11月から、それぞれ終戦と同時に帰郷させていた従業員を呼び戻し、または新たに採用して生産を再開した。ただし、再開当初の従業員数は、終戦時には５０００人近かった全従業員の10％、５００人程度に過ぎず、また、本社・赤穂以外に所有していた福井・岩村田・須坂・瑞穂の４工場は事業縮小に伴い、閉鎖されることになった。

操業再開当初の生産品目は、杉板の箱にブリキ板の電極を付けたパン焼器、寄せ集めの材料で作った電気コンロや電気こたつなどであった。それでも、戦時下の日常用品の

電気こたつ

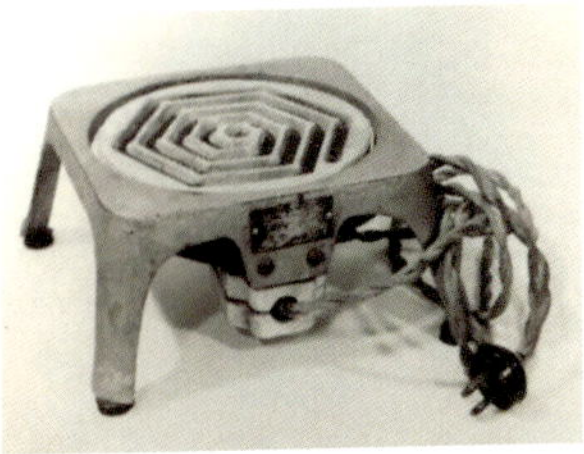
電気コンロ

耐乏生活を余儀なくされてきた当時の国民からは大いに喜ばれたという。

翌1946（昭和21）年に入ると生産品目は大幅に増え、スピーカーやラジオなどの製作を開始した。特に「5球スーパー」と呼ばれる真空管ラジオは、帝国通信工業の製品がNHK認定第1号に選ばれている。さらに、本来の生産品目ともいえる自動車電装部品（各種スイッチや方向指示器、クラクションなど）の生産もスタートした。赤穂工場では、巻線可変抵抗器の生産も開始され、当初は一個一個手作りで1日13個程度であったが、やがて生産を全面的に巻線可変抵抗器に切り替え、同年8月には月産7000個の生産量となった。

しかし、戦後のインフレでなかなか業績向上には結びつかず、翌1947（昭和22）年8月に瑞穂工場（東京都西多摩郡）を売却したのをはじめ、給料の遅配や現物支給を余儀なくされ、希望退職を募るなど経営状態の悪化が続いた。1949（昭和24）年には1年間で従業員数が半減し、翌1950（昭和25）年にはついに小切手が不渡りとなるまでに追い詰められていた。

だが――同年6月に勃発した朝鮮戦争と、これによる「朝鮮特需」で状況は大きく変わった。

1951（昭和26）年9月にはラジオの民間放送が開始され、スピーカーやポテン

ノーブルスピーカーFD

高級ラジオ NR-204 型
NHK認定第1号として発売

ショメータ（通称：ボリューム、可変抵抗器）の生産量が急激に増加した。また、翌1952（昭和27）年頃より、大手家電メーカーと共同でテレビ用の可変抵抗器の開発に着手しており、これが後々、テレビ時代の到来と共に大きく花開くことになる。

「朝鮮特需」による好景気が去ると、再び経営状態は悪化したが、1954（昭和29）年には初めて海外（ブラジル、次いでアルゼンチン）への製品輸出に成功する。当初は少額の取引であったが、帝国通信工業の製品の品質や性能が高い評価を受け、引き続き指名受注を獲得している。

同年、国内では関西方面の営業活動強化を目的として大阪出張所（後の大阪営業所）を開設した。

そして、1955（昭和30）年に入ると、家電メーカー各社が一斉に国産テレビ受像機の生産を開始した。これに先立つ1953（昭和28）年2月1日にはNHKがテレビ放送を開始し、同年8月28日には民放の日本テレビ放送網株式会社が開局している。日本もいよいよ本格的なテレビ時代を迎えつつあった。

他社に先駆けてテレビ用可変抵抗器の開発に成功していた帝国通信工業には、各家電メーカーからの発注が殺到し、生産ラインの大幅な改善を迫られた。新たに導入した手作りのベルトコンベヤーが大いに活躍し、可変抵抗器はそれまでのスピーカーに代わる

35型2連可変抵抗器（1953年　昭和28年）

主力製品となった。

そんな中、1956(昭和31)年5月5日、創業者・村上丈二が逝去する。同月10日には青山葬儀所で社葬が執り行われ、従業員一同は先人の遺徳を偲んで涙を流した。第2代の代表取締役には、専務取締役であった菊池國雄が就任した。

翌1957(昭和32)年には、スピーカーの生産を中止して可変抵抗器の増産に踏み切る一方、逸《いち》早くカラーテレビ用可変抵抗器の研究開発に着手した。国内家電メーカーがカラーテレビ受像機の生産を開始するのはこの2年後のことであり、ここでも他社に先駆けることになる。さらに、同年1月には神奈川県川崎市新城に株式会社電子研究所を設立し、超音波機器の生産を開始している。

事業の急成長に伴い、工場の拡張および生産設備の拡充も行われた。1958(昭和33)年12月、川崎工場第1期工事で3階建ての工場棟が完成したのに続いて、1959(昭和34)年1月より同工場第2期工事と本館の新築工事を開始し、同年8月5日には、創立15周年と併せて工場、本館の新築落成記念式典が盛大に行われた。

さらに、1960(昭和35)年7月には新たに八王子工場が完成し、可変抵抗器の増産体制が整った。この前年から各家電メーカーで生産が始まったカラーテレビ受像機に

本館の新築落成記念式典(1959年 昭和34年)

川崎工場組み立てライン

は、従来の白黒テレビに比べて3倍の可変抵抗器が使用されるため、さらなる需要増が見込まれていたのである。

1961（昭和36）年5月には長野県飯田市に飯田帝通株式会社を設立し、固定抵抗器部門に進出する。同年12月には同県須坂市の松田電機株式会社（翌年には須坂帝通株式会社と名称変更して系列会社に加わった）と提携し、さらに同県茅野市の新正電子工業株式会社を系列会社とした。

1962（昭和37）年7月には米国のオーク・マニュファクチュアリング社との合弁でノーブル・オーク株式会社を八王子工場内に設立し、オーク社向けのチューナーの生産を開始する。そして、1965（昭和40）年1月には台湾の企業と技術提携して台湾富貴電子工業股份有限公司を設立し、他の部品メーカーに先駆けて海外進出を果たしたのである。

日本の高度経済成長を背景に、帝国通信工業はさらなる飛躍の時期を迎えつつあった。

東証・大証2部上場から1部へ指定替えとなるまでの変化

創立15周年を目前に控えた1959（昭和34）年7月、帝国通信工業は東京証券取引所第2部に株式を上場している。戦後の不況下で、一時は資本金を510万円にまで減資して再スタートを切った帝国通信工業であったが、以降は業績の回復と共に増資を繰り返し、東証2部上場の時点では資本金1億2500万円にまで成長していた。

その後も事業成長に伴いたびたび増資が行われ、1970（昭和45）年9月に資本金10億円に達すると、同年10月には大阪証券取引所第2部に上場した。さらに、それからわずか4カ月後の1971（昭和46）年2月、東証・大証共に第1部市場に昇格を果たしたのである（その後も増資は続き、1977（昭和52）年には12億1000万円、1982（昭和57）年には15億4000万円となり、バブル期の1988（昭和63）年には約31億9500万円に達した）。

この間、国内では1964（昭和39）年の東京オリンピック開催を契機としてカラーテレビが各家庭に普及したのをはじめ、個人消費が大幅な躍進を遂げたことなどから、「昭和元禄」と呼ばれる空前の好況が続いていた。

帝国通信工業もまた、テレビ、ラジオなどの民生機器用可変抵抗器の需要拡大に支えられ、引き続き国内外への拠点展開や海外進出を行っていた。

国内では、長野県茅野市に諏訪工場開設（1963年9月）、神奈川県川崎市新城に系列会社ノーブルスタット株式会社設立（1964年11月、後に神奈川県綾瀬市に移転）、大阪営業所の大阪府吹田市への新築移転（1965年3月）、長野県望月町（現・佐久市）に望月帝通株式会社設立（1968年2月）、長野県茅野市にミクロエンヂニヤリング株式会社設立（1968年4月）、山梨県増穂町（現・富士川町）に山梨帝通株式会社設立（1968年10月）、福井県丸岡町（現・坂井市）に福井帝通株式会社設立（1969年4月）、長野県木曽福島町（現・木曽町）に木曽精機株式会社設立（1974年5月）など、生産・営業拠点の拡充が進められていった……。

一方、海外では、スチロールコンデンサをハンガリーへ輸出（1966年、初の共産圏への輸出）したのをはじめ、前出の台湾富貴電子工業股份有限公司が合弁会社として認可（1966年9月）され、ある韓国の企業との技術提携（1969年3月）も行った。東証・大証1部上場後には、ブラジルに合弁会社インダストリア・エレクトロニカ・ノーブル・ド・ブラジル社が設立（1973年10月）され、韓国に大韓ノーブルCo., Ltd.が設立（1974年2月）された。

だが、この時期、日本経済は高度成長の反動ともいえる景気の曲がり角に直面していた。ニクソンショック（変動相場制への転換）、第一次オイルショック（第四次中東戦争による原油価格の高騰）などが引き金となり、空前の不況に見舞われたのである。

こうした逆風の中で、1974（昭和49）年10月、菊池國雄社長は苦渋の決断を下し

大阪営業所　新築・移転（1965年　昭和40年）

た。この難局を乗り切るため、経営の非常事態を宣言し、一層の合理化を図る「縮小均衡」の施策を打ち出したのである。翌1975（昭和50）年にかけて、臨時工・パートの人員削減を進める一方で、「衆知を集めて最後まで生き抜きましょう」を合言葉に、開発部・営業部・品質保証部など重要部署の人事を刷新して新体制を構築した。さらには、経費節減をテーマに各工場から節約提案を公募すると共に、経費のかかる社内行事は必要最小限にとどめ、いくつかの行事は休止することになった。

この頃、ある経済情報誌に掲載された記事の中で、東証1部上場の製造業551社（当時）のランキングにおいて帝国通信工業は524位となり、〝危険な会社〟の28番目と評価されていた。それを裏付けるように、この第53期（1974年10月～1975年3月）決算では、創業以来最大規模の当期損失を計上し、ついに無配に転落したのである。

幸い、同年夏頃には部品需要が回復し、秋以降の急速な輸出回復基調も手伝って、当面の危機は回避することができた。だが、菊池國雄社長以下の経営陣は気を緩めることなく、今後の市場動向の変化を見据えて抜本的な改革に取り組むことにした。

「これからの時代は、もはやこれまでのような高度成長は望めない。今後は、量産効果の大きい標準品に注力していくしかないだろう……」

それが、経営陣の一致した見解であった。

1976（昭和51）年の年頭挨拶の中で、菊池國雄社長は「最終消費者の声を聞き、作業者の声を聞いて製品企画を考える」「総合的な価値判断を強化」「新製品の開発と拡販」に取り組む方針を示した。さらに、同年5月には、7箇条からなる「帝通理念」をまとめ、全社に発表した。

「帝通理念」

一．設計を担当する者は、直接作業者と最終消費者の事を知らずして設計すること勿れ

一．製造を担当する者は、直接作業者の事を知らずして物を作ること勿れ

一．生産技術を担当する者は、よく製造現場を見極め、最小の費用をもって最大の効果を修めることを宗とすべし

一．品質管理を担当する者は、製造の現場並びに消費者の実体を知らずして品質を論ずる事勿れ

一．営業を担当する者は、日本並びに世界の動向を知らずして物事の判断をする事勿れ

一．人事を担当する者は、人の長所、短所を見抜き、人夫々の長所をいかに伸ばすかを宗とすべし

一．経理を担当する者は、工場の実体を知らずして計算する事勿れ
いずれにしても、末端に通ずる事に依り、新しい道は開けるもの也
（すべて原文ママ）

この7箇条はその後、1994（平成6）年に「帝通企業理念」が制定されるまでの約20年間にわたって帝国通信工業の指標であり続けた。

付加価値の高い電子部品とは何かを追求し続けてきた

創業以来、帝国通信工業は幾多の困難を乗り越えつつ、より付加価値の高い電子部品とは何かについて追求し続けてきた。

1976（昭和51）年1月末には川崎工場プレス課で「夜間無人運転」の本格的導入に成功し、翌1977（昭和52）年2月には生産本部内に計数センターを新設するなどコンピュータシステムの構築をスタートした。さらに、1978（昭和53）年6月から12月にかけて、計数センターの広域オンライン化を推進し、グループ相互間の通信ネットワークを構築していった。また、同年9月にはシンガポールにシンガポールノーブル

計算センター新設（1977年　昭和52年）

エレクトロニクスPte., Ltd.を設立し、10月には赤穂工場敷地内に株式会社帝通安全科学研究所を設立した。

1979（昭和54）年にはSNAP（Super New Audio Parts）'79をキャッチフレーズに掲げ、同年5月にはコンピュータによる共通部品の自動発注を帝通グループ全体で開始した。

1980年代に入ると、オイルショック以来、課題として取り組んできた「省資源化」というキーワードがより重要性を帯びてきた。1980（昭和55）年にはSAMIT（Saving Material and Integrated Technology）'80を掲げ、「省資源および集積度を高めた技術で新製品を開発する」ことに取り組む方針を表明し、一軸多連可変抵抗器や電子同調用可変抵抗器といった新製品を世に送り出した。この時のSAMITのコンセプトはその後の製品展開に脈々と受け継がれていくこととなった。同年4月には米国イリノイ州シカゴ郊外にノーブルU.S.A.を設立し、翌1981（昭和56）年6月にはシンガポールにTTKトレーディングシンガポールを設立した。以後、1982（昭和57）年まで3年連続で「新商品の開発と拡販」を年間方針の第一番に掲げつつ、品質・信頼性管理の見直しに取り組み、基本ルールの見直し、製造工程不良率の低減、部品品質の向上、製造条件変更時の特別管理制度の確立、新製品のトラブル防止などの具

SAMIT80第1弾のV12L

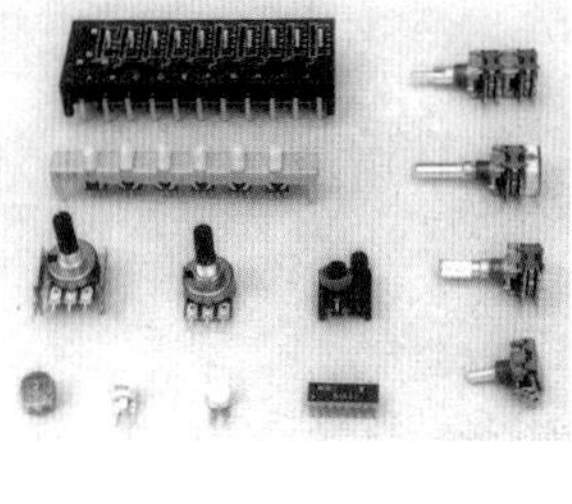
SAMIT80のもと開発された製品の数々

体的なテーマを掲げて目標の達成に向けて努力を重ねていった。そして、１９８３（昭和58）年には「質と付加価値の向上に貢献」を年間方針に掲げ、「軽・薄・短・小・ブロック化・フラット化」の思想をさらに推し進めた製品開発と販売強化に取り組んだのである。

創立40周年を迎えた１９８４（昭和59）年には、前述した「ブロック化・フラット化」の設計思想をさらに拡大し、可変抵抗器やスイッチなど複数の製品のエレメントを一つの基板上に集積するという「複合ブロック化思想」を打ち出した。これは、メーカーにとってはセットの操作部分の集積度が高くなり、小型・薄型化が進められ、また組立工数の低減に繋がる。帝国通信工業としては、セットの構想・企画段階から参加することになり、後のＩＣＢ（Integrated Control Block／複合電子部品）製品の業界への浸透に結びつく新しい経営戦略となっていく。

１９８５（昭和60）年には、計数センターで計算機本体の入れ替えを行い、処理能力が大幅にアップする。また、同年8月には開発部がＣＡＤシステムを導入しているが、これは使用頻度の増大に伴い、わずか1年後の１９８６（昭和61）年9月には同システムの拡充を図ることになった。

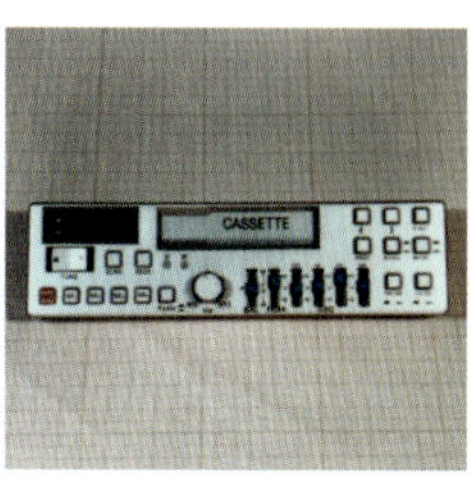

複合ブロック化思想のもと開発されたカーオーディオ用フロント操作ブロックの試作品

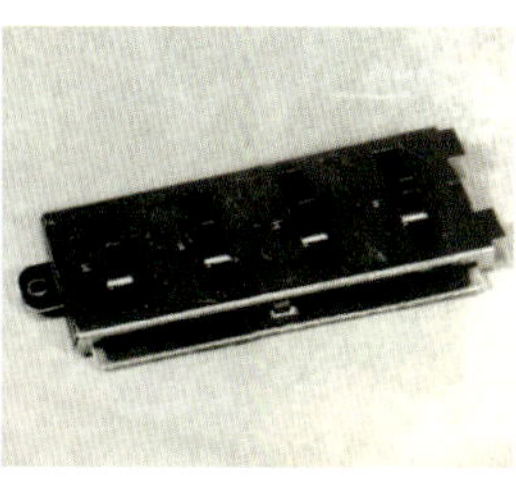

ブロック化・フラット化を実現したVJK102シリーズ

長かった昭和も終わりに近づいた1987（昭和62）年6月、菊池國雄社長は31年間に及んだ社長在任期間に区切りを打ち、代表取締役会長に退いた（社長在任中の1981年4月に「電子工業界の育成・発展に貢献した」として藍綬褒章を受章しており、さらに、会長就任後の1991年11月に「電子工業の発展に貢献した」として勲四等瑞宝章を授与されることになる）。代わって、創業者・村上丈二の次男で専務取締役であった村上明が第3代の代表取締役社長に就任する。その就任挨拶の中で、村上明新社長は「量より質、規模の拡大より利益の確保の時代である」との認識を示し、同年8月には「集中と分散」をテーマに川崎工場金型製作課の業務を赤穂工場へ統合し、次いで9月には岩手県一関市の川崎工場東北管理室を分離独立させる形で東北帝通株式会社を設立。10月には川崎工場生産技術課を帝通エンジニヤリング株式会社に合併すると共に同社FA工場を新設した。

この時期、日本経済はいわゆるバブル期を迎えていた。日経平均株価は上昇し、地価は天井知らずに暴騰した。国内の製造業は、地価と人件費の安い海外へ次々と生産拠点を移していった。工場などの移設先は中国やベトナムなどアジア方面が大半だったが、力をつけたジャパンマネーのパワーはニューヨーク一等地のビルを買い占めるまでになっていた。

菊池國雄取締役会長（左）勲4等瑞宝賞受賞（1991年 平成3年）

帝国通信工業もまた、海外における生産拠点拡充を目的として、1988（昭和63）年2月にTTK（タイランド）をタイの首都バンコク郊外のナワナコン工業団地内に設立した。また、同年4月には国内で川崎工場を川崎帝通株式会社として独立させている。

一方、バブル期には異業種・異分野への進出により、多角経営を図る企業が増えたことでも知られている。帝国通信工業を中心とした帝通グループも例外ではなかった。

もともとはバブル期以前、1978（昭和53）年7月に長野県茅野市にビジネスホテル・ノーブルを開設したのが、帝通グループがビジネスホテル経営に進出した端緒であった。同ホテルについては、「従業員のための福利厚生施設」としての使用も目的とされていたのだが、バブル期を迎えると、1987（昭和62）年7月に長野県の白樺湖畔にノーブル山荘、1988（昭和63）年12月にノーブル望月、1989（平成元）年8月にノーブル飯山と、短期間に新たなホテルを次々にオープンしていくことになった。

バブル景気真っただ中の1989（昭和64）年の年明けは、前年暮れから続く自粛ムードの中で迎えることになったが、同年1月7日に昭和天皇が崩御され、新たな元号「平成」が発表された。

平成初頭の日本経済は、バブル期の好調がそのまま持続していた。

ホテルノーブル茅野（1978年　昭和53年）

帝国通信工業では、同年4月にノーブルシステム株式会社を設立し、海外でもTTK（タイランド）の新工場建設に着工するなど、依然として好調に推移していた。この時期、国内市場では大型テレビと8ミリビデオカメラが高い人気を得ており、軽量で小さくなった商品には、帝国通信工業製の商品が使用され、関連各工場は生産に追われることになった。

1990（平成2）年4月、福井帝通から組立製作課が分離独立して丸岡電子工業株式会社が設立された。しかし――この頃になると、徐々にバブル期の好調は陰りを見せるようになる。

とはいえ、1991（平成3）年にはまだバブル期の余慶もあり、帝通グループでは同年4月に52名という大量の新卒採用が行われた。また、同月、初の欧州における生産拠点としてオランダのティルブルグ市にフィリップス社と合弁でノーブルヨーロッパBVを設立した。さらに、同年5月には長野県上伊那郡にミノワノーブル株式会社を設立している。

その一方で、世界的に景気減速が進行していたことに伴い、帝国通信工業は「トータルマーケティングの構築」と「生産システムの構築」を二大目標に掲げ、各種取り組みを実施していた。生産本部では、同年暮れに生産システム構築推進室を設置したのに続

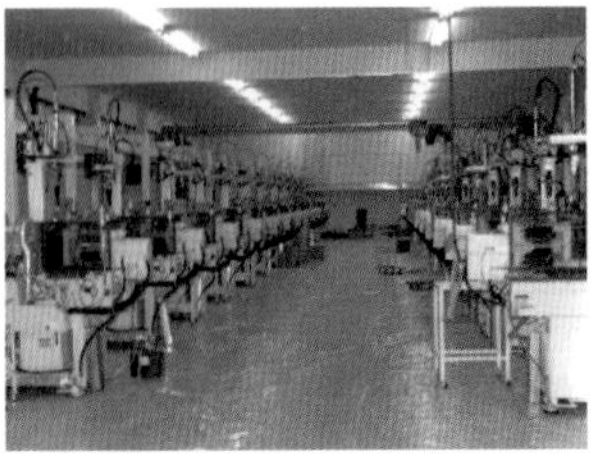

小型成型機が整然と並ぶミノワノーブル（株）

き、翌1992（平成4）年3月には海外事業展開の支援・推進を目標とする海外推進室を新設した。だが、電機業界における内需低迷による業績の下方修正に歯止めがかからず、同年10月、村上明社長はこの難局を乗り切るために不況対策本部を設置することになる。このほか、同年12月にはクリーンビジネスを中心とする多目的事業展開に備えて株式会社サンシャインを設立している。

1993（平成5）年に入ると、AV不況や急激な円高、国内需要の低迷などを受けて、不況はますます深刻化する。このため、同年10月にはついに希望退職者を募るという苦渋の決断に踏み切らざるを得なくなった。また、生き残りをかけた新たな事業展開として、前年のサンシャインに続いて同年5月には輸入業を主体とする株式会社エルボンを設立した。さらに、同年11月にはインドネシア共和国のバタム島にノーブルバタム株式会社を設立している。

帝国通信工業が創立50周年を迎える1994（平成6）年、村上明社長は年度初めの4月1日を新生帝通のスタートの日と位置付け、全従業員の前で「帝通企業理念」を発表した。

「帝通企業理念」

帝通は電子部品の製造とサービスを
通して世界のお客様に満足して頂ける
仕事をいつも提供し続けることにより
豊かな社会の実現に貢献します。

さらに、創立50周年記念行事として、同年5月に記念社長杯野球大会を開催したのをはじめ、7月には「ACT（Active, Action at Creative & Trust）50」キャンペーンを展開し、8月には記念懸賞文の募集、記念祝賀会、新ユニフォームの検討（翌年秋より導入）などを展開した。このほか、同年10月には中華人民共和国の無錫《むしゃく》市に富貴（無錫）電子有限公司を設立している。

1995（平成7）年は、平成不況が吹き荒れる中、1月17日に阪神・淡路大震災、3月には地下鉄サリン事件が発生するなど、未曽有の混乱と騒擾の年となった。また、帝国通信工業にとっては、31年間にわたって社長職を務めてきた菊池國雄取締役相談役（前代表取締会長）が同年6月9日に逝去し、深い悲しみに包まれた別れの年でもあった。同年7月7日に青山葬儀所で営まれた社葬には、1000人を超える弔問客が訪れ、中興の祖としての偉業を称え、故人を偲んだ。

菊池國雄取締役相談役社葬

1996（平成8）年3月には、TTK（タイランド）をノーブルエレクトロニクス（タイランド）に社名変更し、海外関連会社のグローバルネーミングを「ノーブル」に統一することでブランディングの強化を図った。さらに、同年9月には合弁会社ノーブルV&Sをノーブルプレシジョン（タイランド）に改称している。

一方、国内では同年7月に新規事業会社として株式会社エコロパックを設立。また、翌1997（平成9）年1月には諏訪帝通株式会社を株式会社キャリアウイングスに社名変更した。同年3月には帝国通信工業本社の第一次組織改革として事業本部制の導入を行い、新たに「抵抗器事業本部」と「ICBメカトロ事業本部」の二つの組織に改編された。

また、この頃からグローバル競争力強化のため、国内・海外を含めた生産拠点でISO認証取得に向けた活動を開始している。1998（平成10）年9月にノーブルバタムが、同年12月に台湾富貴電子工業がISO9002を取得し、ノーブルグループ全社での先駆けとなった。翌1999（平成11）年には、全生産拠点でのISO認証取得が経営方針に掲げられた。これを受けて、20世紀最後の年となる2000（平成12）年には、1月に富貴（無錫）電子、3月に赤穂工場、6月にノーブルエレクトロニクス（タイランド）、10月にミノワノーブルがそれぞれISO9002を取得している。また、同年12月には香港に華南富貴電子有限公司が設立された。

21世紀を迎えた2001（平成13）年6月の定期株主総会および取締役会において、帝国通信工業は執行役員制の導入に伴う新体制への移行を実施した。これにより、村上明は代表取締役会長兼CEOに就任し、八木信行が代表取締役社長兼COOに就任する。

そして、2003（平成15）年11月に赤穂工場がISO14001の認証取得に成功したのを皮切りに、創立60周年となる2004（平成16）年に10月には富貴（無錫）電子、11月に須坂帝通がそれぞれ同認証を取得した。

その後、2024（令和6）年に創立80周年に至るまでの20年間については、第1章以降の各章で詳しく述べていくことになるが――いずれにしても、人間であれば生まれたばかりの赤ん坊が傘寿を迎えるまでの歳月を通して、帝国通信工業ならびにノーブルグループ各社は、常に「より付加価値の高い電子部品とは何か？」というテーマに取り組み、それを追求し続けてきた。そして、それは今後、100年、150年を経てもなお、途切れることなく追い続けていかねばならない永遠のテーマであることは間違いないだろう。

第1章

自動車を安全・快適に運転するための帝通の技術

自動車に使用される帝通部品の変遷

自動車の心臓部は言うまでもなくエンジンであり、これは長らくガソリンの燃焼による内燃機関として主流を占めてきた。

近年ではＥＶ車の実用化に伴い、この心臓部の一部を担う電源システムに使用される固定抵抗器の製造も手がけるようになったが、帝国通信工業がこれまで長年携わってきた自動車関連の部品は、主に電装品のスイッチ周りであった。

序章でも触れているように、帝国通信工業が自動車電装品の分野に進出したのは戦後間もない時期からであり、その後、日本のモータリゼーションが進行し、国産車の生産が本格化していくのに伴い、多種多様な電装品が車載されるようになった。

具体的には、ヘッドライトやテールランプ、マップランプやハザードランプなどの照明関係をはじめ、ワイパーやミラー、パワーウインドーやドアおよびドアロックの開閉などの可動部品関係、カーラジオやカーステレオなどの音響関係、カーエアコンなどの空調関係、さらにカーナビや車載カメラなどの映像関係に至るまで、１台の自動車には膨大な電装品が組み込まれている。これらの電装品のオン・オフの切り替えや、音量・温度・照度・速度などの各種調整を行うスイッチには、帝国通信工業の電子部品が多く

マップランプ・ハザード用スイッチ　SF06C

使われてきた。

帝国通信工業はもともと、自動車部品メーカーに納入するスイッチや可変抵抗器を生産する会社であった。これらは電装品に不可欠な電子部品ではあるが、価格競争も激しく、資材の調達や生産ラインの合理化に取り組んできた。その企業努力は、現在も変わらず続いている。

その一方で、可変抵抗器の製造だけにとどまらず、可変抵抗器を用いたスイッチ周りのユニットを帝国通信工業で自社製造できるようにするための研究開発も行われてきた。ユニット単位での納入が可能となれば、当然単価も上昇し、付加価値も向上する。

ただし、納入先である自動車部品メーカーにしてみれば、自社の専門領域を脅かされることにも繋がることから、必ずしも手放しで歓迎できることではなかった。スイッチ周りのユニットを帝国通信工業が受注できるようになるまでには、可変抵抗器などの長年の納入実績に基づく強固な信頼関係に加えて、共同開発者としてパートナーシップを築くに値するだけの技術力を有していることを自動車部品メーカーに認めてもらう必要があった。

1970年代前半（昭和45〜50年頃）、乗用車を中心にカーエアコン搭載が一般的になってきたことが本格的な採用のきっかけであったという。これについて、車載領域グループのグループリーダーを務める当時営業部 営業二課 課長の中村康英（現・商品企画部知財企画室 室長）は次のように語っている。

「やはり、当社は〝抵抗器メーカー〟ですから。ボリュームからスタートしたわけです」

それまで、自動車にとって冷暖房はまだまだ高嶺の花であった。国産大衆車の多くはカーエアコンを搭載しておらず、ドア・ウインドーの開閉（当然、手回し式のハンドル操作である）によって外気を取り入れたり遮断したりすることで、暑さ・寒さをしのぐしかなかった。

それが車載式のカーエアコンが実用化されたのに伴い、一部の高級車を皮切りに、車内で冷暖房を享受することが可能となった。そして、国内の自動車生産台数がピークを迎えつつあったこの時期には、大衆車や一部のトラックなどで冷暖房完備が標準化されるようになってきたのである。

最初期のカーエアコンは温度調節機能が低く、ドライバーは「暑くなったら冷房をつける」「冷え過ぎて寒くなったら冷房を切る」というスイッチのオン・オフで対処していた。それがやがて、細かい温度調節が可能になり、車内を快適な温度に保てるように進化していった。

この時活躍したのが、帝国通信工業が得意とする可変抵抗器やスイッチの技術であった。可変抵抗器の抵抗値を変化させることで、エアコンから吹き出す風温を調節する。原理としては単純であり、テレビやラジオの音量調節と同じく、ツマミを回転させたり、横にスライドさせることで温度の上げ下げが可能となる。

帝国通信工業が最初にユニット単位に近い形で受注に成功したのは、押しボタン式のスイッチであった。横一列にボタンが並び、隣接するボタンを押していくことでモード切り替えを行い、一番端のボタンを押すとリセットされるという仕組みである。このスイッチ形式は、カーラジオの周波数調整ボタンなどにも応用されていた。

スイッチユニットは運転席の意匠の一部となっているため、自動車部品メーカーで運転席全体の意匠が決定してから縦・横・奥行の寸法が指定され、帝国通信工業ではその寸法に合わせてユニットを設計する形での受注にも展開されていった。外観は指定されていたが、内部構造の設計は詳細な打ち合わせをしていきながら任されていた。後には、意匠の検討段階で自動車部品メーカーから意見を求められるようなこともあった。

さらに、電子化が進むにつれ、運転席周りのインパネやコンソールに組み込まれる電装部品のスイッチの種類も増えていき、操作性の向上や運転環境の快適化のため、ユニッ

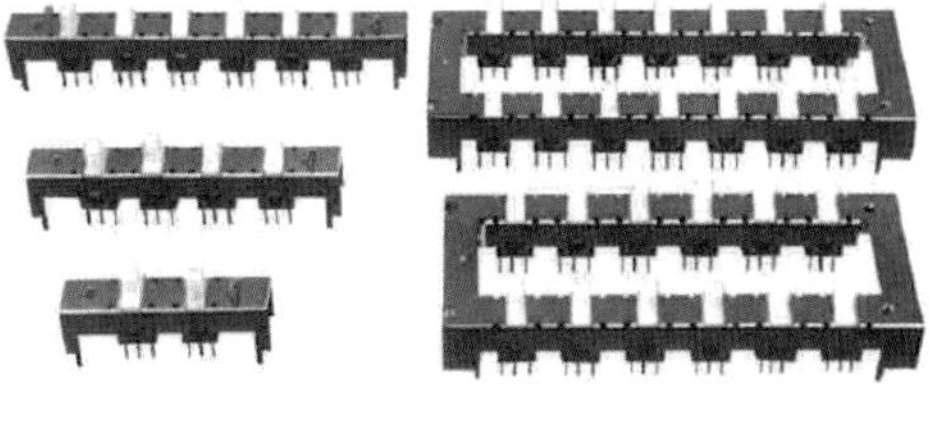

カーラジオの周波数調整などに使用されたスイッチユニット　SKシリーズ

トはより小型に、より薄型にすることが求められるようになっていった。

序章で述べた、「複合ブロック化思想（＝可変抵抗器やスイッチなど複数の製品のエレメントを一つの基板上に集積する）」がこれである。民生用の家電領域だけでなく、車載領域においても同様に、小型・薄型化を追求していく中で、帝国通信工業が製品の構想・企画段階から参加することに繋がり、１９８０年代後半（昭和末期）におけるＩＣＢ（Integrated Control Block／複合電子部品）製品の業界への浸透に結びついていったのである。

ヘッドライト角度、空調の調節に必要とされる位置センサ

帝国通信工業の優位性は、フィルムベースの印刷技術に一日の長があったことであった。先行して開発に取り組んでいた民生領域で既に実用化されていたフィルム印刷の技術を活かし、さらに車載領域で応用するためにフィルムの耐熱性の向上などにも取り組んだ結果、極めて信頼性の高いフィルム印刷基板をいち早く実用化することができた。

カーエアコンのスイッチユニットは、多くの車種に採用が広がった。また、フィルム印刷基板をベースとしたエンコーダを使用したカーエアコンのスイッチユニットにも展

開されていった。

だが、客先側の事情もあり、一時期、ユニット単位での受注は完全に途切れることになる。無論、その間もフィルム印刷基板などの部品単位の取引は継続していたものの、新規のユニット受注はない状況がしばらく続いていた。

前出の中村課長は、この頃に入社したという。

「新しいものが何もない時代に車載領域の担当ということで配属されたので、これは何とかしなければいけない、という危機感はありました。そこで、当時開発企画室の林さん（執行役員 商品企画部部長を務める林 直紀）と、様々な自動車部品メーカーへもいろいろアプローチを掛けていきました。その中にA社様という会社がありました」

帝国通信工業は以前からA社に可変抵抗器やスイッチ、抵抗印刷基板を納入しており、林部長はしばしばユニット単位での取引を提案してきたが、なかなか色よい返事はもらえなかったという。

ようやく受注に成功したのは2003（平成15）年、製品はライトレベリングスイッチであった。これはヘッドライトの角度を調節するためのスイッチで、帝国通信工業としてはひさびさにユニット単位での新規受注となり、設計から製造まで委託されることになった。

「過去を振り返ったとき、この出来事が車載事業復活のいちばん大きな分岐点でした」

林部長と中村課長は口を揃えて言う。ちなみに、A社としても、設計まで外注するというのはこの時が初めてであったようだ。

これがきっかけとなり、その後、他車種のシートヒーターのスイッチユニット受注などに展開されていった。

ライトレベリングスイッチは、縦回転型スイッチだ。機能としては、ヘッドライトの角度を調整するもので、持ち前の抵抗体技術をコアとして意匠も含めたユニットである。

このライトレベリングスイッチは、ハザードランプなどと同様に、法規制で設置が義務付けられているものの一つである。

最新のタイプは防水性能が極めて高くなっているのが最大の特徴である。これは、このライトレベリングスイッチの取りつけられている位置が、ちょうどカップフォルダーの設置されている場所のすぐ下であるためだ。

以前のタイプは、「飲み物がかかった場合に、隙間から水分が入り込んでスイッチが故障しやすい……」という課題があったため、最新のタイプではその点を徹底的に改善したのである。

特に、スポーツドリンクのようにナトリウム入りであったり、あるいはジュース類など糖分を含有した液体の場合、電気ショートが起こり断線の原因になったり、糖分が固着して操作ができなくなったりすることも考えられる。以前のタイプの時点である程度の防水性の向上は図られていたものの、完璧ではなかったため、最新のタイプでは根本的な完全を期したのである。これについて、林部長は次のように語っている。

「この最新のタイプは、縦回転型タイプのスイッチの中で、こと防水性能に関しては〝世界一〟だというお褒めの言葉を頂戴したこともあります。この仕事をやってきて本当によかったと思える瞬間でしたね」

林部長自身の口から出た言葉ではなく、顧客に言われたからこそ、自信を持って〝世界一〟と口に出せるのだろう。

可変抵抗器を用いるこの種のスイッチは、近年は車内のデジタル化の流れの中で、通信システム自体が変化しているため、次第に減りつつあると中村課長は言う。しかし、自動車関係の枠組みの中で可変抵抗器というものが完全に淘汰されてしまうわけではない。可変抵抗器の生き残る可能性の一つに、「センサ」としての用途が考えられるという。

「可変抵抗器」と「センサ」の違いは、一般的に前者が「(エンドユーザーが購入後に)Human Machine Interfaceとして、人の手で調整する」ものなのに対して、後者は「Machine To Machine Interfaceとして、機械同士が連動して制御する」ものであるという。したがって、センサには非常に高い精度が求められ、また、耐久回数も桁違いに多くなっている。

なお、帝国通信工業が抵抗式センサを受注するようになったのは1990(平成2)年頃からであるといい、原則として抵抗印刷基板の状態で納入という形になる。

「例えば、エアコンの温度を調整するアクチュエーターに使用される抵抗印刷基板があります。『HVAC』という空調システムでは、『内・外気』の風の通り道や吹き出し口の位置・形状を変えることで車内の温度を調整していますが、それらの動きを検出しているのがセンサとしての役割の抵抗印刷基板です。内部の弁を動かして、温かい空気や冷たい空気の量を調整することで、車内の温度を調節しているわけです」

このアクチュエーターは、自動車1台当たり3~4個が取り付けられている。世界の自動車の年間生産台数約1億台のうち、5割強がオートエアコンを設置しているとされており、アクチュエーターの需要は約2億個と推計される。このうち、帝国通信工業の抵抗印刷基板のシェアは7~8%であり、年間約1500万個を出荷しているという。

ドアミラー角度をメモリする位置センサ

この他、可変抵抗器を用いたセンサ技術の応用としては、ドアミラー用のアクチュエーターに使用されるものもある。

このセンサは、ドライバーから見たドアミラーの最適角度をメモリする機能であり、ドライバーに応じた角度を選択できるようになっている。

例えば自家用車の場合、運転するのはオーナー一人だけとは限らない。オーナーの配偶者であるとか、家族や同居人、あるいは親しい間柄の友人が運転することも珍しくはないだろう。そのような場合、本来のオーナーとは体形や運転姿勢が異なるため、オーナーに合わせたミラーの角度ではよく見えないこともある。

そこで、メモリしたドライバーシートの設置位置と連動して、身体の大きさや座高の高さに合わせたミラーの設定角度を自動的に検出するセンサが活躍するわけだ。なお、設定したデータはメモリに登録することができ、次回運転するときには、いちいち手作業で設定する必要がない。

「こういう物を搭載しているのは、やはり、ある程度高級車になりますが、普通にドライバーシートに座ってスイッチを入れるだけでメモリに記憶できます。その人が次に運転するときには、登録してあるメモリの番号、例えば2番なら2番をピッと押せば、それでミラーの位置が事前に設定した状態になります」

　このドアミラー用センサは、1990年代後半に初めて採用された。林部長は、車載を担当して最初の頃に携わったのがこの2世代目のドアミラー用センサで、初代のものとは格段にコンセプトや性能が向上したものであり、それだけにひと際思い入れが強いという。

「A社様から、ドアミラーのアクチュエーターにスナップで簡単に取り付けられて、且《か》つ、小型で防水機能もあり、高精度のセンサユニットを開発して欲しいとの依頼を受けました。当時、車載の営業ご担当であった津吹さん（現シンガポールノーブル社長　津吹智好）と一緒にあれこれ悩みながらいろいろなご提案をさせていただいたという記憶があります。何度も試作を繰り返し、改善改良を重ねることによって、最終的にお客様のご要求にお応えすることができたと思います。後に、自動車メーカー様がこのセンサを褒めているという話を、A社様よりお聞きした時は、大変嬉しかったですね」

　そう林部長が語る通り、このセンサは、他のティア1メーカーにも数社展開（仕様は異なる）しており、市場での評価も高く、センサ搭載車種も年々増えてきている。ただ、自動運転に向けて技術が進歩していく中で、ミラーがカメラに置き換わる日もいずれ来るだろう。

「もちろん、今すぐにどうこうという影響が出てくることはありません。いずれ変化していく時期がくると思いますが、それがいつどのくらいの広がりになるのかは現時点では未知数ですね。ただ、その状況に応じて次の手を考えていく必要はあります」

林部長はそう自戒を込めて指摘している。

一方、操作系のスイッチ周りに関しては、今のところ可変抵抗器が生き残っている部分もあるので、そこはシェアをきっちり維持していく必要がある、と中村課長は言う。車種によっては、スイッチ類はほとんどが液晶画面のタッチパネルに移行済みのものも既にある。

「あれは『走るスマホ』ですね、もはや……」

スイッチ類の多くはタッチパネル式になってしまっている。これは北米の電気自動車メーカーの例だが、海外の自動車メーカーを含めて、そういう傾向が増えつつあるが、しかし一方では、物理スイッチへの回帰の動きがあるのも事実である。

いずれにしても、操作系のスイッチ周りは今後も変化し続けていくことであろう。

自動車電装品においては今後、ティア1の自動車部品メーカーでもうかうかできない状況を迎えているようだ。

今後に向けて

可変抵抗器を用いる数々の自動車電装品の中でも、帝国通信工業がとりわけ大きなシェアを占めていたのが、「間欠ワイパー」に使われているものである。

現在ではあることが当たり前のようになっているが、ワイパーの機能とは、基本的には連続動作を繰り返すことにある。その中で、小雨などの際に用いられる、動作と静止を繰り返す間隔を調整できる間欠ワイパーには、可変抵抗器が不可欠であった。

かつては、間欠ワイパーを採用している車種において、帝国通信工業製の可変抵抗器が日本のすべての自動車メーカーに、採用されていた実績がある（現在は方式が変わり、減少してきている）。

このように、帝国通信工業は主に抵抗体印刷技術やスイッチの技術を用いた商品を長きにわたり自動車部品メーカーに納入してきた。実績に基づく信頼を獲得しながら、現在も継続納入中である。

ただ、前述の通りデジタル化の流れの中で、自動車の通信方式も変わりつつあり、アナログ方式の可変抵抗器が徐々に減りつつあることも事実である。林部長は次のように言う。

「可変抵抗器や物理スイッチの減少は、避けて通れないところであり、液晶への取り込みやタッチスイッチ化への流れにどう対応するのかが今後の大きな課題です。その対策の一つとして、抵抗式センサの拡充は勿論ですが、自動車向けにも7〜8年前から取り組んでいるPEDOTの透明電極（静電容量方式）がようやく実を結び、来年2025年に納入開始する車種に初めて採用が決まりました。タッチ化への対応として将来的には意匠面や素子の実装も含めたモジュール技術の確立も目指したいですね」

そしてもう一つ、自動車に関する帝国通信工業の技術としては、EV（Electric Vehicle）分野への進出がある。この分野こそ、もっとも将来的な展望や期待値が高いという。

「EV車に用いられる『セメント抵抗器』については、現在、大きな規模をもつ中国市場への本格的進出に向けても取り組んでおります。中国・江蘇省の淮安《わいあん》市の工場でIATF16949を取得し、今後ますます力を入れていく所存でおります」

EV関係については終章で改めて取り上げることとして——既に取引関係のある自動車部品メーカー各社との間で帝国通信工業が築いてきた実績については、「過去から脈々と引き継いできた人脈と技術の蓄積による信頼関係の構築のたまもの」である、と

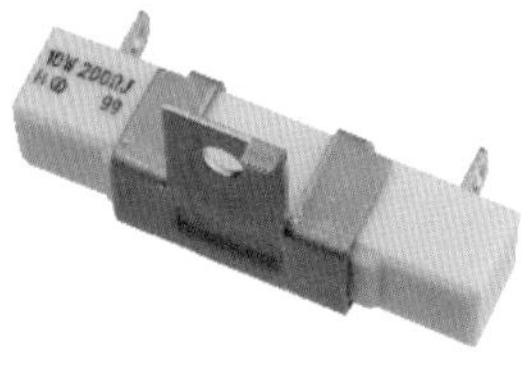

EV車に用いられる『セメント抵抗器』RGB

林部長も中村課長も口を揃えて言う。

「エアコンは車内の環境を快適に保つためのものです。現在はガソリンエンジンの自動車が主流ですが、今後はEV車であるとか、水素カーであるとか、燃料電池であるとか、ニューエネルギーに切り替えていくことになったとしても、快適性のために空調を使うということは変わりありません。仕様は時代と共に変化していくと思いますが、それに適応しながら、これからもHVAC向け抵抗式センサや、タッチ化に向けた透明電極などの事業を継続・拡大していきたいと考えております」

なお、自動車関係の場合、開発期間も適用期間も非常に長くなるため、粘り強い取り組みとたゆまぬ改善への努力が必要であるという。

第2章

趣味の世界でユーザーに寄り添う帝通の技術

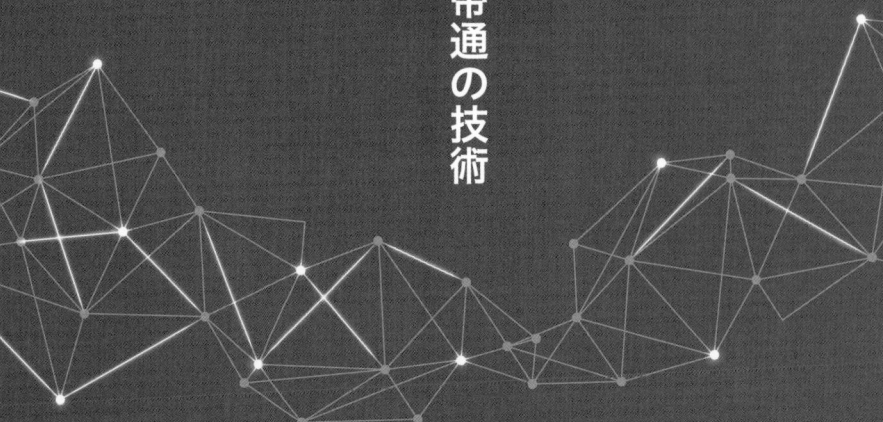

幅広く滑らかな音量・音質調整に欠かせない可変抵抗器

元号が変わった１９８９（昭和64・平成元）年は、世に言うバブル景気がピークを迎えようとしていた時期であった。ちょうどこの頃、帝国通信工業の製造子会社である諏訪帝通では、音量調整などに使われるスライドボリュームの生産がピークを迎えていたという。この時期は、カーオーディオ用のグラフィックイコライザーの操作ユニットも受注していたが、これはスライド式のボリューム（可変抵抗器）を複数繋いで一体化した操作ユニットであり、ポータブルカセットレコーダー（通称ラジカセ）にも採用された。音質調整に用いられるイコライザーのユニットは、後のＩＣＢ（Integrated Circuit Block）の原型といえる。

それらのボリュームに使用されているプリント基板は、もともとは読んで字のごとく〝硬質基板〟に配線を印刷するものであった。

帝国通信工業ではその昔、抵抗体はカーボンインクを基板に吹付塗装し、それを焼成炉で焼き固めて作っていた。しかしながら、この方法はインクの無駄が多いのとパターンの寸法精度や塗膜厚などの性能が劣ることから、より高精度なボリュームが求められる時代において、必要な部分にのみインクを塗る「スクリーン印刷」方式が主流と

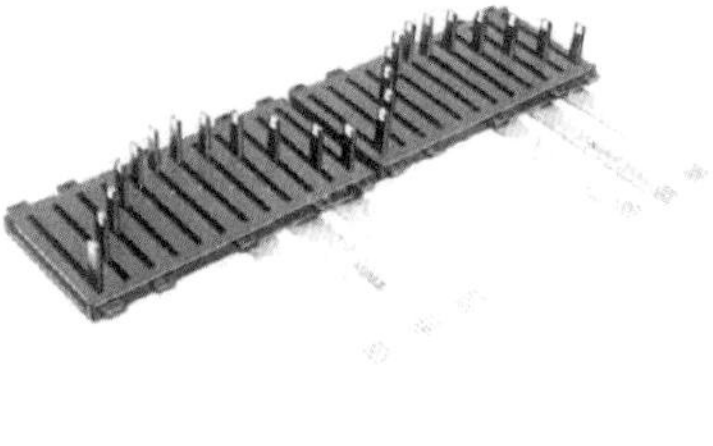

グラフィックイコライザーの操作ユニット
ＶＪＫシリーズ

なった。

スクリーン印刷とは孔版印刷の一種で版画のように版にインクを付けて印刷（転写）するのではなく、版自体に必要部のみ微細な穴があり、その穴からインクを吐出してパターン形成する印刷方式である。この印刷方法は、ある世代であればおわかりであろう「プリントゴッコ」と同様である。プリントゴッコというのは、かつて理想科学工業株式会社が開発・製造・販売していた家庭用簡易印刷器は商品名だが、家庭で簡単にオリジナル年賀状等の印刷ができることが受けて大ヒット商品である。

そして、このスクリーン印刷の技術により自由な配線パターンを形成することが可能になり各種エレメントの製法に繋がっていったのである。

こうした一連の動きについて、取締役専務執行役員開発統括の水野伸二は言う。

「ご存じのとおり我々はもともと〝ボリューム〟のメーカーです。ボリュームとは何かと言えば、馬蹄形や四角形をした基板に抵抗体を構成し、ツマミを回す等することで接点の位置を変えて、抵抗値を変化させるというものです。この抵抗体の主材料はカーボン（炭素）で、社内では抵抗体を作ることを「カーボンを印刷する」と言っています。カーボンを印刷する技術は昔から当社で採用してきた技術ですが、当時はいわゆる堅い基板に印刷していました。それを薄いフィルム素材に応用できないかとの発想のもと試

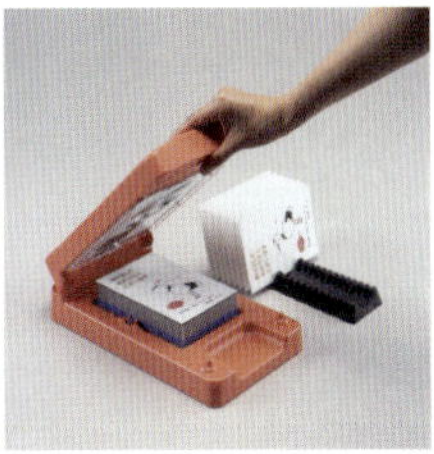

家庭用簡易印刷機「プリントゴッコPG5」の印刷風景（写真右）と、プリントゴッコを使って印刷された年賀状（写真左）

行錯誤の末、生まれたのが電極シートです」

1983(昭和58)年には、ごく薄いフィルム素材に電気的な配線パターンを印刷する「電極シート」の開発が本格化し次々と電極シートの製品が生まれていった。

その後、このフィルムベースの印刷テクノロジーが急激に進歩していき、電極シートは帝国通信工業の得意領域として発展していった。

当時、業界内で広く知られ、使われている「プリント基板やFPC基板」の製造には、一般的に「エッチング」と呼ばれる加工法がある。これは、基板表面全体に銅箔を貼り付けたものを土台として、必要な配線パターンとなる銅の部分だけを残し、不必要な銅箔は薬品で溶かして除去するというものだ。その結果、配線パターンだけが表面に残り、これが「プリント基板やFPC基板」となるのである。

エッチングは、もともと業界内で広く知られている技術体系であり、現在も基板を製作する際にはこのエッチングを採用している企業が多い。

1986(昭和61)年には電極シートから派生した「ピンフレックス」と呼ばれる技術が確立した。これは、基板同士を繋げる配線をシート状にしたもので、電極シートとは異なるカテゴリーに属する。この開発ついて、水野開発統括は言う。

「ピンフレックス」は配線を束ねたものですが、銅箔の素材を使わずに客先の用途により銀ペーストを印刷し配線パターンを形成したタイプと、アルミ箔でパターン形成したタイプを使い分けいずれの場合も、両端の処理が特徴で、その導体パターンの端にピン（端子）をUS溶着で装着したものでパテントも取得しました。これにより客先側は、片方を機器のコネクタに差し込み、他方のピンをプリント基板に直接はんだ付けして機器内部の複数部品を接続しました。

帝国通信工業では、このスクリーン印刷による折り曲げ可能なフレキシブル基板（電極シート）によって、狭小な場所などに回路を構成してスイッチなどを設置することを可能としたことにより、1990年代に入った頃には、アミューズメント機器や家電製品などを扱う様々なメーカーからの需要が高まり、引き合いが殺到したほどだったという。

近年、スマートフォンに代表されるように、スイッチ類に関してはタッチパネル方式に取って代わられていったのは第1章で述べた通りだが、「薄いシートにスクリーン印刷をしてものをつくる」という技術そのものは第5章で詳述する医療分野の電極シートなどに応用されることになり、今なお帝国通信工業を支える基盤技術の一つになってい

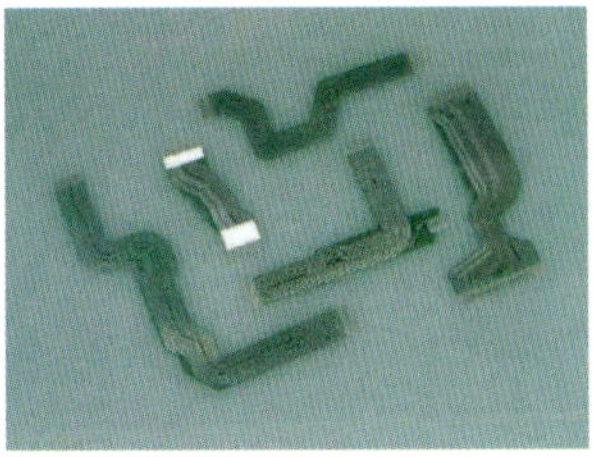

PINFLEX シリーズ

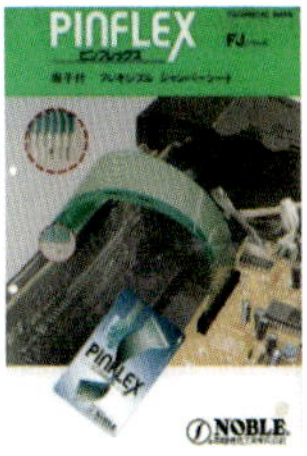

PINFLEX 使用例（カタログより）

る。このように、形を変え使い方を変えながら時代を超えて使われ続けている印刷技術であるが、もともとこの技術が進化してきたのは前述の通り吹付塗装の課題を解決しつつ、幅広い音域の中から「聴こえの最適な音量」「クリアな音質」などをボリュームに求めるニーズの高まりによる技術の進化が教科書となっているといっても過言ではない。

また、印刷に使用するカーボンについては、市販のものをそのまま使用することもできたのだが、自社で様々な工夫を加えて混錬し、要求性能に見合う最適なカーボンインクを独自に開発した。

折り曲げに強いカーボン、高寿命のカーボン、曲面への印刷に適したカーボンなど、帝国通信工業のメーカーとしての強みを存分に活かしたものであった。水野開発統括は次のように総括する。

「そもそも、電極シートというのは『折り曲げると抵抗値が変わってしまう……』といわれていたため、『折り曲げ可能なシート』というものは邪道と考え、ほとんど検討することもありませんでした。そういう中で、必要性とお客様の需要を見込んで研究に取り組んできたことが、今日の優位性に繋がっているのだと思います」

〝被写体を撮る〟〝映像を映す〟のどちらにも使用される抵抗式センサ

1980〜1990（昭和55〜平成2）年頃までの間、日本のみならず世界的な大ヒットとなったものにビデオカメラがある。

当初、肩に乗せて撮影するほどの大きさだったビデオカメラは年々小さくなり、その小型化の一端を支えていたのが、ICB（Integrated Circuit Block）と呼ばれる帝国通信工業のスイッチユニットであり、全て電極シートをベースとした設計であった。そしてビデオカメラを製造していたあるメーカーとの取引において、帝国通信工業ではかなりの部分まで任されるようになっていた。

そんな蜜月関係の最中であったことに加え、ビデオカメラが爆発的なヒットとなったことで、メーカー側としても、任せられるところはできるだけ外部に任せてしまおう――という方針があったのかもしれない。いずれにせよ、ビデオカメラの操作スイッチ周りは帝国通信工業に全面的に任されることとなり、ユニット単位で受注することになった。このことは、商品自体のヒットと共に、帝国通信工業に計上される売上も、この時期にはかつてないほどの数字を残している。

なお、このビデオカメラの大ヒットは、他の家電メーカーから帝国通信工業に対する引き合いを呼び、このため受注にあたってはNDA（Non-Disclosure Agreement：秘密保持契約）に基づいて、例えばA社と競合するB社では工場を分けるだけでなく、営業担当者もそれぞれ競合のフロアには立ち入りを禁じていた。当時、メーカー各社は新製品のダウンサイジングや性能向上を競い合っていたが、帝国通信工業はそんなメーカー各社の要求事項に常に応えてきた結果、時代のニーズを先取りすることができるようになった。言ってみれば、常に最先端の情報に触れることで、それに沿った的確な提案をし続けることができたのである。

取締役上席執行役員営業統括の高岡亮は、この少し後の入社である。当時の盛況は記録にも記憶にも残っているが、彼が入社したバブル景気絶頂期からまもなく、日本経済は一気に失速する。入社3年目となる1993（平成5）年には、帝国通信工業でも希望退職者を募集するまでになっていた。

バブル崩壊とほぼ同じタイミングで、ビデオカメラのブームも終焉する。そして、これと入れ替わるように市場規模を急激に伸ばしていったのが、パーソナルコンピュータ（パソコン）と、それから数年遅れて携帯電話（ケータイ、もしくはガラケー）であった。携帯電話（ケータイ）はフィーチャーフォンの国内通称だが、ガラケーという場合は、いわゆる「ガラパゴスケータイ」と俗称された「極めてローカルな環境に過適応した結果、逆にグローバルな環境に対応できなくなった携帯電話の機種」を意味する。

国内の〝ガラケー〟メーカーの中で、帝国通信工業との関係性が特に大きかったのがL社であった。高岡営業統括は次のように語る。

「当時、L社さんの〝二つ折りガラケー〟の操作ボタンの部品を帝国通信工業で取り扱っていました。また、このL社さんをきっかけに、やがて、国内のほとんどの携帯電話メーカーのキーの部品の供給をやらせていただけるようになりました」

この「ガラケーの操作ボタン」の部品については、1999（平成11）年にスタートし、2001～2007（平成13～19）年頃をピークに、その後のリーマン・ショックを経て、ガラケーからスマートフォン（スマホ）への切り替わりによって衰退していくことになる。したがって、全盛期は10年にも満たないものの、一時期は、かつてのドル箱であったビデオカメラ用スイッチブロックの穴を埋めるほどの売上をもたらした商品であった。

携帯電話の操作ボタンは、当時の「薄型化・小型化」の流れの中で、帝国通信工業の強みを活かした事業展開であったが、将来的には「ガラケーからスマホへ」すなわち「操作ボタンからタッチパネル方式へ」という大きな変化が訪れ、ガラケー時代の終焉を迎えることとなる。とはいえ、一時的にはこの選択により、帝国通信工業は大いに潤うことになったのも事実である。

なお、当時のガラケーのカメラ機能は解像度が低く、画質が悪かったことから、写真撮影には専用のデジタルカメラを別にもつという人が多かった。そのニーズは高く、各メーカーがこぞって「デジタルスチルカメラ」を商品化した。前述した「ビデオカメラのスイッチブロック」に続いて、帝国通信工業では「デジタルスチルカメラのスイッチブロック」を相次いで受注することになった。

言うまでもなく、ビデオカメラは〝動画を映す〟ためのツールであり、デジタルスチルカメラは〝被写体を撮る(静止画)〟ためのツールである。可変抵抗器を用いたセンサは、そのどちらの用途にも活用されていたのである。

こうして、2007(平成19)年頃までは、ビデオカメラとデジタルスチルカメラ、ガラケーの操作ボタンなどがそれぞれ、3~4カ月から半年に1回程度のスパンでモデルチェンジが実施され、そのたびに受注が取れていたという。この状況に変化が起こったのが2010(平成22)年前後のことだ。

「ビデオカメラとデジタルスチルカメラ、そしてガラケー。この三つの機能を1台でこなせるスマートフォンの台頭ですべてが一変しました。ガラケーを生産していたメーカーはあっという間に撤退してしまい、操作ボタンの需要は一瞬でゼロになってしまいました」

生産管理部生産管理室の中村浩一室長が語るように、２００７（平成19）年頃に市場に登場したスマホは、瞬く間に普及していった。

ＮＴＴドコモ・モバイル社会研究所の調査によれば、スマホの普及率は、２０１０（平成22）年には４％前後であったが、たった5年後の２０１５（平成27）年には50％を超え、２０２１（令和３）年には90％を超えるほどの普及を見せている。これに伴い、ガラケーはほぼ完全に淘汰され、ビデオカメラやデジタルスチルカメラの需要も激減した。

こうした中で、帝国通信工業の製品のうち一定の需要を保っていたのは、可変抵抗器を用いたセンサである。もともとはボリュームとして利用されていた抵抗器をセンサに応用したものだ。

具体的な応用例を挙げれば、例えば、かつてカーステレオなどによく見られたＣＤチェンジャー（複数枚のＣＤをセットして長時間の連続再生、あるいは連続したプログラム再生を可能としたＣＤプレーヤー）という機能があった。このＣＤチェンジャーでは、「次にかける音楽」をチョイスする際に、「何枚目のＣＤ」の「何曲目」を、というふうに指定することができるが、この指定通りのＣＤを抜き出してプレーヤーにかける

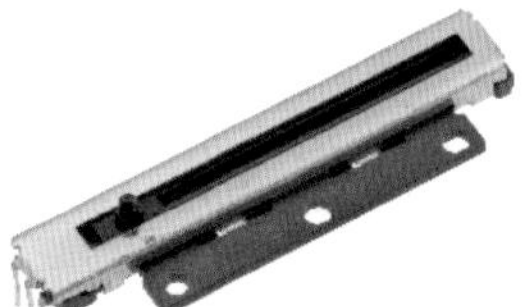

抵抗式センサ XLS3201

とき、位置をセンシングして決めるという仕組みになっている。このCDの位置をセンシングしているのも、抵抗式センサの働きによるものだった。

そして、この位置センサとしての可変抵抗器の用途は、まだまだ応用範囲が広く、今後もさらなる活用が見込まれている。

レンズの鏡筒部にも対応可能な曲面センサ

比較的近年になってから注目されるようになってきたのが、カメラのレンズを収める鏡筒部に取り付けられる位置センサである。

鏡筒部とは、アナログカメラの時代には、接眼レンズと対物レンズを装着する筒のことを指す用語であった。だが、今日のデジタルカメラにおいては、対物レンズからの光束の方向を変える光路変換プリズムなどが設けられている部分を鏡筒、もしくは鏡筒部と呼ぶようになった。

レンズ自体が円形であることから、鏡筒部もほとんどの場合、円筒形の形状をしている。位置センサは、この円筒形の内径に沿って組み込まれることになる。したがって、円筒の曲面に合わせて、位置センサを印刷した電極シートを湾曲して組み込まれている。

曲面センサ　XCSシリーズ

これについて、高岡営業統括は次のように解説している。

「〝レンズに這わせる〟というふうに表現していますが、これも可変抵抗器からの発展・応用になります。回転式の可変抵抗器では、先ほど申し上げたように抵抗体は丸い形状をしています。これを直線状に引き伸ばしたものが、最初にお話ししたイコライザーに使用する部品で、スライド操作で抵抗値を変えられるようにしたものです。これも先ほど出てきたカーボン印刷によるものですが、実はカーボンというのは硬くて割れやすく、折り曲げるのには不向きな素材だったのです」

高岡営業統括の言うように、通常のカーボンをレンズに這わせようとすると、曲げられた部分のカーボンが割れてしまうという現象が生じる。そこで、自社での混錬による〝曲げに強いカーボンインク〟を開発したのは前述の通りだ。このカーボンが位置センサになっているのだが、「(ユーザーの回転動作を)そのまま検出できるようになった」ことが非常に大きいと高岡営業統括は指摘する。

「これができるようになる以前は、回転運動を直線運動に変換させてやらなければならなかったのですが、このやり方に切り替えることで、回転運動をそのまま検出できるようになりました。変換機構がない状態で検出できるため、極めて精度が高いことが特徴です。この方式を開発したのが2012(平成24)年のことで、それから12年が経ちましたが、まだまだ受注が伸びているような状況にあります」

この〝曲面センサ〟はもともと、鏡筒部にある絞り（レンズから入る光量を調整すること）を決めるダイヤルのスイッチとして採用されたという。絞りは約20ポジションあり、その切り替えを通常の接点スイッチで対応すると単純計算で21本、別の方式を採用しても最低5〜6本の配線が必要になる。これに対して、帝国通信工業の曲面センサは、抵抗式で検出するためにどんなにポジションが多くなっても3本の配線で済んでしまう。これにより、小型化や製造工程の作業性の向上に貢献しているという。さらに、回転運動をダイレクトに検出できるので位置精度を上げることもできる。鏡筒部には、絞りの他にズーム（映像を拡大・縮小すること）ダイヤルやマニュアルフォーカス（手動でピントを合わせること）などのダイヤルもあるので、曲面センサはその位置検出にも展開が期待できる。

「デジタルミラーレス一眼カメラの場合、レンズのモデルチェンジといってもせいぜい3年ごとといったスパンですから、シェアを伸ばすといってもなかなか一朝一夕には進みません。とはいえ、おかげさまでカメラメーカー各社にそれぞれこの曲面センサは受け入れられております。レンズの仕様が大きく変われば、当然新しい仕様に合わせて変えていかなければならないのですが、一品一仕様の完全カスタム生産なので大量生産が利かず、レンズの径や角度に合わせてその都度設計・製作しなければならないのが今後の課題と考えます」

高岡営業統括はそう言うが、本章で取り上げた広義の〝趣味の世界〟における帝国通信工業の製品展開の中では、この曲面センサに関しては将来的にもある程度の需要が期待できるようだ。

その根拠について尋ねると、次のような答えが返ってきた。

「最近では、ユーザーからの位置センサの精度アップの要求も厳しくなってまいりました。しかし、回転運動をダイレクトに検出できるこの曲面センサであれば、その厳しい要求レベルに応えることができます。現に、需要は徐々に上がってきています」

無論、曲面センサのみの需要では、売上的にも市場シェア的にも、帝国通信工業という会社を支えるほどの看板商品にはなり得ない。だが、かつての〝スイッチ周りのユニット単位での取引〟のような、より付加価値の高い事業展開も、将来的には考えられないことはない。少なくとも、物理スイッチがタッチパネル方式に淘汰されたように、将来的に需要そのものが途絶えるという可能性は、今のところそれほど高くはなさそうだ。

いずれにせよ、ホビーやエンターテインメント関連の分野において、帝国通信工業の供給する部品はカスタム性が高いことから、シェアは大きくはないかもしれないが、代替製品を簡単には見つけにくい」という意味で、一定の存在感を放っていると言うことができるだろう。

第3章

日々の暮らしを快適にするための帝通の技術

当たり前のように備わっている“操作スイッチユニット”に込められている技術

“操作スイッチユニット”という呼称は、なまじ専門用語ではないだけに、単に字面《じづら》を見ただけでは具体的にイメージするモノが人それぞれ微妙に異なってくるのではないかと思われる。本書で言うところの操作スイッチユニットとは、機械を操作するためのボタンやレバーなど入力装置が集約された機器を指している。操作される機械によっては、他にもランプやメーター、液晶ディスプレイなどの表示装置が付いていることも多い。さらに近年においては、スマホの画面のように「入力装置と表示装置が一体化している」いわゆるタッチパネル式の操作スイッチユニットも多くなってきた。

この操作スイッチユニットは、我われが日常的に使用するほとんどありとあらゆる機械に、当たり前のように備わっている。例えば、室内の照明機器。あるいは、炊飯器や電子レンジなどの調理機器。洗濯機や乾燥機などの生活家電機器。さらには、電話やファクスなどの通信機器。テレビや空調機のリモコンは、この操作スイッチユニットが本体から独立したモノと言っていい。

本体の機能はそれぞれまったく違っていても、操作スイッチユニットの形式にはある程度の共通性が見られるのは、「ヒトが手で操作する」という大前提があるためだ。近年では音声入力など、手（指先）以外でも操作可能な、いわゆるハンズフリーの機械も増えているが、まだまだ誤動作などのリスクがあることから、ハンズフリーの機械であっても操作スイッチユニットを備えていることが多い。日常的にもっぱらリモコンで操作されるテレビや空調機であっても、リモコンの故障や紛失時には直接本体を操作できるように、本体側にも目立たない箇所に操作スイッチユニットが備えつけられているのが一般的だ。

これらの機械を消費者が購入する際には、操作スイッチユニットは本体の一部として一体化されているため、通常はあまり意識されることはない。だが、メーカーが最終的な完成商品として出荷する以前、工場での組み立て段階では、それぞれ別のライン、あるいは別の工場で製造された各部品が1カ所に集められることになる。それらの部品の一部は、メーカーの協力会社や取引先の工場で生産されているものが少なくない。

帝国通信工業では、抵抗器をはじめとする電子回路の部品だけでなく、それらの部品を一つにまとめた操作スイッチユニット全体をユニット単位で受注し、様々なメーカーに納入している事例が多い。前章までは自動車関連や映像機器関連の事例を中心に紹介してきたが、言うまでもなく家電メーカー各社も、帝国通信工業にとって重要な顧客となっている。執行役員商品企画部の林部長は言う。

「家電製品の操作スイッチユニットを受注した場合、お客様からは、外装のデザインと操作スイッチユニットが収まる寸法、さらに納品の仕様も含めて細かく条件が指定されます。この三つが、いわば制約ということになりますが、操作スイッチユニットの内部構造全体については当社で設計しています。外観についてはお客さまの意匠を重視して、機械本体のイメージを損ねることのないように留意しますが、例えばどこにどのようなボタンを自由に設けるとか、どのようなディスプレイを採用するかなどは、内部構造に合わせて場合によってはデザインを逆提案することもあります。こうした受注方式ですと、お客様にとっても、例えば外観と内部構造をそれぞれ別の会社に発注するのに比べて手間がかからず、製品の価値を高めたり、より上位の業務に専念することができるといったメリットがありますから、お客様から重宝がられているのではないかと思われます」

無論、帝国通信工業の側にしてみれば、ユニット単位で受注できれば納入単価が高く、付加価値も高くなるため、双方にとってメリットがあるわけだ。

家電製品は、消費者の日々の生活と密接に関わってくるだけに、何よりも利便性が要求される。言い換えれば、使いやすさ、使い勝手の良さが重視され、さらには、「少々乱暴に扱っても壊れにくい」などの耐久性の高さも求められることになる。これが、前章で述べた趣味の領域や映像関連の製品の場合、ある程度操作が複雑で難しいものでも、それはそれとして一定の需要が見込める。趣味の世界を極めたいというようなヘビーユーザー層向けの製品では、操作するのに高度な技術を要する機種のほうが喜ばれる傾向すらある。

それに対して、家電製品は万人向けでなければならない。操作が簡単で、小さい子どもから一人暮らしの高齢者まで、誰でも扱えるようにすることが前提条件となる。万一、イレギュラーな事態が発生したとしても、あるいは異常な操作を行ったとしても、絶対に安全でなければならない――そういった配慮については、発売元であるメーカーだけでなく、その製品を構成するすべての部品の納入元が責任感をもち、メーカーと一緒に考えていかなければならないのだと商品企画部主査の内藤俊司は言う。

「石油ファンヒーターを例にとりましょう。ご存知のように、石油ファンヒーターは灯油を燃焼させて熱を発生させ、その熱をファンで部屋の隅々にまで行きわたらせるという暖房器具です。ファンは電気で動かしていますが、熱を発生させているのは電気ではありません。そこで、勢いよく燃えているときに、急に停電になったとします。すると、自動消火機能が働いて燃焼そのものはストップしますが、本体の内部で発生した熱はしばらく残ります。ところが、電気が止まっているのでファンが動かず、排熱されないため、内部にこもった熱がじわじわと機器の上方に上がってくることになります。その結果、成型部品が熱で変形したり、融解したりというトラブルが起こらないとも限りません。ユーザーがうっかり触ってしまってやけどをしたり、たまたま熱に弱いものが周囲にあれば火災の恐れもないわけではない。もちろん、そういうことが万が一にも起こらないように、発売元のメーカーさんでは万全の配慮をしておりますが、我われもメーカーさんと同じように配慮し、例えば今のようなケースであれば耐熱グレードの高い部品を選ぶなど、常にお客さまに寄り添って開発を進めるようにしております」

生活家電の開発においては、「ある程度の幅をもたせることが大事」と商品企画部の内藤主査は指摘する。ここで言う「幅」というのは、選択肢を広くもつという意味と捉えていいだろう。同じ目的の家電であっても、高額な上位機種の場合と、リーズナブルな普及機種ではそれぞれ求められる条件が異なる。上位機種であれば、様々な機能を備えていたり、細かい微調整が利くなど高性能であることが求められるが、普及機種では、最低限必要な機能さえあればよく、品質だけでなくコスト競争力も重要となる。このため、普及機種の場合は特に、効率の良い生産体制を築く必要がある。

そして、生活家電とは、主として「必要に迫られて使う」ものである。趣味の領域のものではないから、大多数の消費者は必ずしも上位機種を購入する必要はないと考える。

したがって、開発の過程においては、例えば上位機種を先行開発して様々な機能を実装し、しかる後に、必要性の高い機能だけに絞り込んでコスト削減を図る――といった流れになることが多い。帝国通信工業としては、メーカーの要求に応えると共に、コスト削減と品質の担保をいかに両立させるかがテーマとなる。

「部品構成を改めて見直し、何か削減できるものはないかと探してみることが大事です。例えば、当社が納入する部品の押し強度や変形への耐性を高めることで、お客様が想定していた補強部品を減らしても十分な強度を確保することができるようになります。これは、製品全体のトータルコスト削減に繋がる当社からの提案となります」

部品はしょせん部品と割り切って、最低限の品質を維持しつつ、材料費や人件費を削れるだけ削る……そんな昔ながらのやり方も、それはそれで一つの手法かもしれない。だが、それでは、同業他社の中から一歩抜きん出ることは永遠に望めないだろう。

また、生活家電は耐久消費財であり、大多数のユーザーは「壊れたら買い替える」というスタンスである。逆に言えば、「壊れるまでは絶対に買い替えない」。その結果、他の製品に比べて製品の寿命が長くなる傾向にあり、例えば暖房機なら、マイナーチェンジしながら10年以上生産を続けることも珍しくない。ただし、長寿商品には長寿商品ならではの悩みがあると内藤主査は言う。

「現在、日本の産業は〝モノ〟から〝コト〟へ変革しているといわれ、製造業が主体ではなくなりつつあります。そのため、国内製造業の総需要は全般に減少傾向にあります。すると、サプライヤーはグローバルな視点で販売商品の統廃合を行います。それは私たちの側からすれば、量産採用中の部品でも提供されなくなってしまうこととなります。もしそうなったら、生産を維持するために代替部品に切り替えなどを講じる必要があります。そういう意味で、将来的には、グローバルな視点で最適な代替部品や代替工法を選び出す選定眼や、それらを調達する能力などが益々求められることでしょう」

帝通のノウハウで操作スイッチユニットを作製し、顧客の工数を削減する

暖房機器・暖房器具や住宅設備機器などの製造販売を行ってる電機メーカーへ、長年にわたって操作スイッチユニットを納入してきた。採用いただいた背景としてマーケットがグローバル化する中で、インドネシア工場で生産することにより、安価で品質の良い電子部品を一気通貫で供給することが可能ということがある。

当時、ある暖房機器メーカー様では、激化する販売競争を勝ち抜くという企業方針の

下、いかにしてコストダウンを図るかの手段を模索しており、その中で、帝国通信工業からの提案を検討してもらえることになった。そして、地場の協力会社各社からそれぞれ各部品を購入し、自社工場で組み立てるという従来のやり方と比較して、帝国通信工業に一括して発注したほうが、価格でも品質でもはるかに有利である、との結論に達したのだという。それ以来、今日に至るまでこの受注が継続している。

営業部部長を務める南亮次は言う。

「暖房機器は狭い業界ではありますが、マーケット情報はすべて手に取るようにわかると自負しております。それだけの経験を積み、実績を培ってきたつもりです。季節商品ですから、だいたい10月から11月にかけて売りに出されるものですが、年間数百万台からの製品を短期間に作るわけにもいきませんので、生産台数は年間を通して平準化しています」

前述したように、かつてはインドネシア工場で生産していたスイッチユニットであるが、現在は日本国内での生産に切り替えられている。

「ひと口に暖房機器と言っても、当然、売れるモデルもあれば売れないモデルもあります。意匠であったり、機能であったり、価格であったり、様々な要因が考えられますが、問題は、その年の〝売れ筋の機種〟というのが絶えず変動していることです。メーカーとしてはもちろん、売れ筋の機種に力を入れたいわけですが、例えば、Aという機種の生産ラインを、次の日からいきなりBという機種に変更することはできません。製造にはリードタイムがありますから、機種を変更するにはそれなりに時間がかかります。生産ラインを一から変更するとなると、納期が遅れ、商機を逸することにもなりかねません」

したがって、このリードタイムをできるだけ短縮したいというのはメーカーとして当然の要望である。一方、帝国通信工業では、コストダウンのためにインドネシア工場から船便で輸入していた。航空便に切り替えれば輸送時間は大幅に短縮できるが、その代わり輸送コストが跳ね上がる。そこで、航空便による輸送コストと、国内工場で生産した場合の製造コストを、それぞれ比較検討した上で暖房機器メーカー様の判断を仰いだのであった。国内工場で生産するには、インドネシア工場よりも当然コストはかさむことになるが、そこは「全体最適」ということで、現在はすべて国内生産に切り替えられている。

販売のピークは前述したように10～11月ということになるが、生産は通年で行われており、完成品は順次メーカーに出荷しており、基本的に適正以上の在庫はもたない方針であるという。万一材料が余ったら無駄になるので、納入先メーカーと随時連絡を取り、生産情報をアップデートしながら生産している。一度出荷したスイッチユニットが差し戻されるケースも、今のところほぼ皆無だという。なお、製品のサイクルとしてはマイナーチェンジとしては毎年、フルモデルチェンジとしては4〜5年スパンで行なわれている。現在、主に生産している製品も、現状の意匠に変更されてから4年目になる。

「そういう業界ということで、ちょっと特殊かもしれません」と南部長は言う。

帝国通信工業が、従来から付き合いのあった地場産業に取って代わることができた最初のきっかけは、前述したようにコストメリットを提供できたからだが、それだけならこのとき、取引が途切れていたかもしれない。やはり、スイッチユニットを一気通貫で納入できる技術力が高く評価されていたからだろう。

ちなみに、メーカーと帝国通信工業との取引は、電子部品を含めたODM（Original Design Manufacturing）という形態になるが、意匠の銘板、モールドケース、電子部品、プリント基板のように大まかには四つに分類される。これらを地場産業に発注した場合、A社・B社・C社・D社にそれぞれ伝票を発行し、さらに納入された四つを組み合わせなければならないなどの手間が発生するため、その点も評価されたものと思われる。

帝国通信工業では暖房機器以外の生活家電として、ＩＨコンロや炊飯器などのスイッチユニットも製造している。これらはメカとして物理的に突起を押し込むタイプのボタンの他、平面状になっている操作スイッチユニットを軽く触れるだけのタッチタイプのスイッチもある。後者の場合、操作スイッチユニットの下に電極シートが設置されており、指先が触れただけで反応する静電容量方式のタッチスイッチとなっている。

これはエンドユーザーが直接操作する部分であり、キッチン周りの生活家電にも採用が広がりつつある。その他、ホームベーカリー向けなども手がけている。

キッチン以外の家電製品では、あまり日常的に使用されるものではないが、テレビの場合、本体側のスイッチには帝国通信工業の製品が採用されているものもあるという（ただし、もっぱらリモコンが使用されるため、最近のテレビでは本体側にスイッチを付けていない機種も増えている）。

なお、近年の家電製品では、音声や身ぶり手ぶりのジェスチャーでオン／オフを操作するものも増えており、「将来的にはそちらの操作方式にも進出しなければならないだろうと危機感を覚えている」と、営業部の南部長は語っている。

冬期の給湯器凍結に備えた抵抗器や点火プラグで、快適な冬を過ごす

ガスや石油を熱源に用いた給湯器は、生活家電の中でも極めて需要が高く、国内では各家庭への普及率も高い。だが、南北に細長い日本列島の気候は寒暖差が大きく、特に北陸地方から東北地方、北海道などの地域では、冬場は厳寒に見舞われることになる。寒い地方であるほど給湯器の需要も高まるが、同時に、寒い地方であるほど給湯器の凍結リスクは高くなる。万一、給湯器が凍結してお湯が使えないことになると、「人間の生存に影響する」といっても決して大げさではないだろう。

そこで、凍結防止のためのヒーターの出番となるわけだが、これには帝国通信工業製のセメント抵抗器が重要な役割を果たしている。

セメント抵抗器とは、電子回路の中で電流の流れを妨げるもので、目的に応じて電流を制限したり、電圧を分圧したり、電流を検出したりするのに用いられている。セメント抵抗器は自己発熱や温度に強い構造になっている。したがって、「給湯器の凍結防止」という目的には最適な製品ということになる。

セメント抵抗器の内部構造は単純で、セラミック製のケースの中に抵抗器（巻線型や酸化金属皮膜型がある）を収めたものだ。外観の形状は角形であったり、円筒形であっ

たりと様々で、主に給湯器内のパイプにヒーターとして金具で取り付けられている。このパイプ内には水が蓄えられているが、これが凍結すると、氷は水より体積が約10％増加するため、パイプが割れたりひびが入ったりする原因となる。

　また、パイプの元栓となるバルブは、腐食に強い青銅製のものが一般的だが、寒い地方では特に耐圧性に優れた黄銅（真鍮）製のバルブが採用されている場合が多い。だが、この黄銅バルブであっても、内部の水が凍結することがあり、そうなると破損はしないまでもやはり水が出なくなる。そこで、黄銅バルブの専用の「くぼみ」を設けて、そこに円筒形のヒーター（セメント抵抗器）を設置して凍結を防止する必要がある。

　凍結防止ヒーターの電源は一般家庭用のコンセントから供給されるＡＣ１００Ｖの電力を使用し、その温度は約２００℃に達する。このようにかなり高温となるため、メーカー側でも「安全部品」と位置づけており、その取り扱いには厳重な注意が必要とされている。

　前述のようにごく単純な構造であり、また、ある意味非常に原始的な方法ではあるが、それだけに極めて効果的・効率的な方法であるともいえ、国内の給湯器メーカーはほぼ、同様のセメント抵抗器を採用している。商品企画部主査の溝尻芳行は言う。

「銅という素材は熱伝導率が高いため、数カ所に設置すれば配水管全体を温めることが

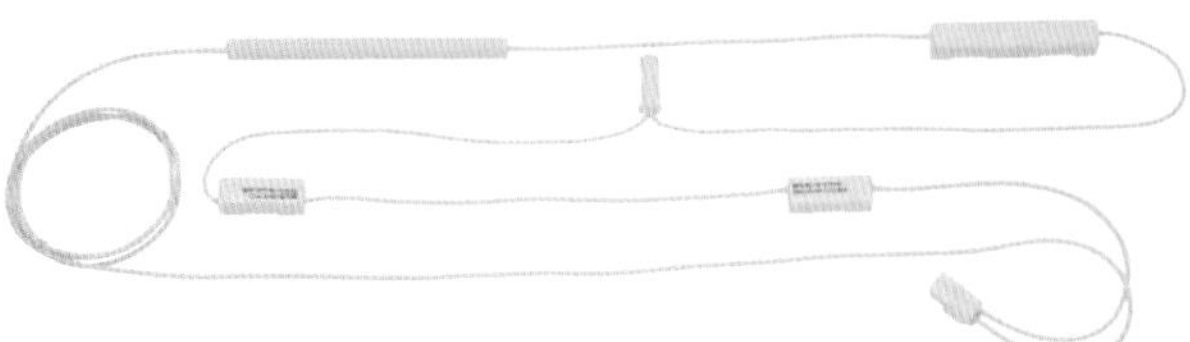

凍結防止ヒーター抵抗
RGB7Y シリーズ

できます。開発のポイントとしては、『簡易防水の機能が要求される』ということでした。これは給湯器の設置場所の関係で、日本国内の場合、屋外に設置されるケースが多く、朝になって外気温が下降すると、寒暖差で空気中の水分が結露して水びたしになることがあります。もちろん、ずっと水に浸かっているわけではなく、また実際の使用上は、水に浸かっても商用電源の電圧に耐える機能が損なわれなければ問題ありません。ただし、当社の工場では、すべての製品を水に浸けたまま電圧をかけて検査しております」

セメント自体の防水性はかなり高いものだが、防水対策を追加し、さらに信頼性を高めているという。

「原始的な方法」と前述したが、実際にセメント抵抗器の開発は歴史が古く、帝国通信工業以外の会社でも昔から同じような製品が作られてきた。ただし、現在もセメントタイプのヒーター抵抗器を作り続けている競合他社はそれほど多くはないだろう、というのが溝尻主査の見解だ。

「『セメント抵抗器』というのは名称の通り、中にセメントを詰めています。セメントの主原料は国内では産出量が少なく、その分高くつきます。やはり、中国産のほうが圧倒的に安い。中国のメーカーから輸入すると、国産に比べて桁一つ違います。中国では

セメント抵抗器　ＲＧＤシリーズ

かつて、江蘇省無錫《むしゃく》市にセメント抵抗器の生産工場を立ち上げていましたが、こちらはその後閉鎖し、現在は同じ江蘇省の淮安《わいあん》市に開設した淮安工場で生産しています」

この凍結防止ヒーターのベースとなった製品は、もともとセメント抵抗器単品として販売していたものだという。これは主にパッケージエアコンや汎用のインバーターエアコンに用いられる部品であり、突入（電流）防止抵抗（電気的な負荷を制御するために使用される電子部品が、電源投入時に瞬間的に大きな電流が流れることによってダメージを受けることを防止する回路）や電流検出抵抗（電力損失を最小限にし、回路の電流を電圧に変換するために使用される部品）としてこれらのエアコンの電源基板に実装し、電流を調整する機能をもたせている。

帝国通信工業ではこの他、給湯器や暖房機、ガスレンジなどに用いられる点火プラグも生産している。点火プラグはスパークプラグとも呼ばれ、点火装置でつくり出された高圧電流を受け、火花を発生させる部品である。この火花を使って、燃焼部分に着火させる仕組みになっている。

これらの帝国通信工業製品が、厳寒期においても給湯器の安全かつ安定した使用を可能とし、快適に過ごせる環境を支えているのである。

「ご存知の通り、当社は創業時、可変抵抗器を用いるボリュームの製造などからスター

セメント抵抗器 RGCシリーズ

点火プラグ PSPシリーズ

トした会社です。もともと戦時中の無線機器の電子部品の構造から始まりましたから、製品のベースは広義の『抵抗器』ということになります。抵抗器の分類方法としては様々な視点があり、『機能別』に見ていくと、可変抵抗器・固定抵抗器・半固定抵抗器という分類方法があります。可変とは、抵抗値をエンドユーザーが自由に調整できるという意味で、ボリュームなどに使われています。固定の場合は、メーカー側が製品に組み込む段階で抵抗値が決まっていて、そのままお使いいただくもの。半固定というのは、小さなチップの中に抵抗値を調整するつまみが付いていて、メーカー側で調整した上で出荷されるものです。可変抵抗器の一種になりますが、エンドユーザーは抵抗値をいじれないので、メーカーで調整したままの状態でお使いいただくことになります」

林部長はそう解説する。

セメント抵抗器は、凍結防止ヒーターやエアコンのような生活家電の他、産業機械や計測機械にも用いられている。業界でいえば、家電メーカーや産業機械メーカー、さらに後述することになる医療機器メーカーなど、基本的に「電気回路の付いている様々な製品」すべてに使われていると言っていい。したがって、標準的な「ディスクリート」というのは、あらゆる業界にまたがって使用されているのである。

帝国通信工業のセメント抵抗のものづくりにおける体制として溝尻主査が強くアピー

セメント抵抗器　RGBシリーズ

チップ型半固定抵抗器
TMC3Kシリーズ

ルしているのが以下の点だ。

一つは顧客の要望に合わせて形状などのカスタマイズが可能であること。ベースの円筒形や角形の形状を基に、オリジナルの要素を加えて設計する。

そしてもう一つが、海外のネットワークを活かした低コスト対応だ。前述したセメントの材料調達に加えて、例えば金型を作るにしても、日本で作るより中国の協力会社に依頼したほうがはるかに安い金額で作れるのだという。もちろん、価格が安いだけではなく、品質面でもまったく問題はない。

広く普及した調光可能な住宅照明にも、可変抵抗器の活躍がある

住宅設備分野における帝国通信工業製品として、これまで述べてきたものの他に「照明（調光）」機器に組み込まれた可変抵抗器がある。これは、近年光源として幅広い分野で白熱電球や蛍光灯に取って代わっている、ＬＥＤ（Light Emitting Diode）照明の明るさを調整するために使用されるものだ。

ＬＥＤとは「光る半導体」であり、「寿命が長い」「消費電力が少ない」「応答が速い」などの半導体の基本的な特長を備えている。この特長を照明に利用したものがＬＥＤ照

調光用可変抵抗器　XV092シリーズ

明だ。ＬＥＤ照明の明るさを調整するには、パルスの幅を変化させることで制御する「ＰＷＭ（Pulse Width Modulation）調光」の他、「アナログ調光」という方法がある。可変抵抗器を用いるのはアナログ調光と呼ばれる方法である。これは、ボリュームを回して抵抗値を増減させることで流れる電流を調整し、明るさを調整するというやり方だ。

このやり方を単に照明機器の調光だけでなく、家庭用電源から供給される電力の調整にまで応用したのが、次に述べる「スマートグリッド（smart grid）」である。

スマートグリッドとは、情報通信技術（ＩＣＴ）を活用した次世代の電力ネットワークを意味し、日本語で「次世代送電網」とも、もしくはその特徴から、「賢い電力網」と呼ばれることもある。

従来の電力供給は、「供給側である発電所から、企業や家庭などに向けて、一方向に電力を届ける」というものであった。これに対して、スマートグリッドは、発電所の供給側と家庭や事業所などの需要側の電力需給を自動制御し、需要に応じて発電施設からの電力量を効率よく配分する電力制御技術をもった電力網ということになる。

スマートグリッドの代表例として、「ＨＥＭＳ（Home Energy Management System）」と「スマートメーター」の二つが挙げられる。前者は、大型ビル向けの「Ｂ

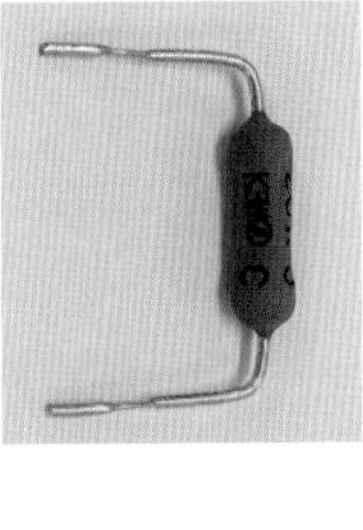

スマートメーターに使用されるＲＫＦシリーズ

EMS（Building Energy Management System）」の一般家庭版ということができるだろう。

後者のスマートメーターは、電力会社が昔から設置していた計測メーターと違って、各家庭やオフィスの30分ごとの電気使用量を計測し、なおかつ通信機能を使ってそのデータ（積算値）を電力会社のサーバーに送信する機能をもっている。通信には主に無線マルチホップ通信と呼ばれるものが採用されており、これはいわばバケツリレーのようなかたちで情報を伝送していく方式である。

この種のスマートメーターが一般家庭に設置されるようになったのは、ちょうど10年前の２０１４（平成26）年のことになる。メーターの更新時期というのはだいたい10年周期で訪れるから、２０２４（令和６）年にはこれらのスマートメーターが一斉に入れ替わるタイミングを迎える。

10年前からこの機を待っていた帝国通信工業は、スマートメーターを生産しているメーカー各社に営業をかけ、これまで付き合いのなかった大手メーカーに今回初めて採用されることになったという。南部長は誇らしげに胸を張る。

「ＩｏＴ化の流れの中で、検針員がいちいち各家を訪ねてメーターをチェックしなくても、ネット上で全部記録できる時代になりました。そのスマートメーターの通信に、私どもの抵抗器が採用されることになり、2025（令和7）年春頃から月産数十万個の製品を出荷することになりました」

住宅設備分野というのは、これまで帝国通信工業が何度かアプローチしていたものの、様々な事情から参入しあぐねていたマーケットだ。そのマーケットに向けた長年のアプローチが実を結び、ようやく進出できる運びとなったのである。

今後、ますます需要が伸びていくに違いないスマートメーターへの参入について、帝国通信工業では大きな期待を寄せているという。

「約10年というサイクルで動いているマーケットなので、万一今回を逃したら、また10年後を待たなければならなくなります。

当社では2014年から動いていて、お客様の商品とのセットで提案し、その都度評価していただきながら設計を進めてきましたから、価格面も含めて、競合他社よりも優位に立てているのではないかと自負しております」

南部長は、自信を込めてそう語っている。

なお、セメント抵抗器のマーケットでは、競合他社はいずれも抵抗器に特化したメーカーであるのに対し、帝国通信工業は、いわば総合電子部品メーカーである。セメント抵抗器を扱う商品としては、終章で述べるEV（電気自動車）のマーケットがあるが、専業メーカーが帝国通信工業に先んじて既に参入しているため、厳しい戦いを強いられているという。

その一方で、帝国通信工業では別方面で新たな領域にも挑んでいる。

ここまで見てきた通り、基本的にメーカー向けのBtoB取引を展開してきた帝国通信工業だが、今回、初めてエンドユーザー向けの商品を開発し、BtoC取引への参入を果たしたのである。

その商品とは、老舗カメラメーカーの販売するオプション製品だ。プロのカメラマンやアマチュアの愛好家向けの商品であり、帝国通信工業では、その設計から生産の工程を自社で行っているのはもちろん、量販店で販売される化粧箱・シリアルラベルの製作までも、すべて自社で行い、出荷しているのである。南部長は言う。

「当社で作った商品が、エンドユーザーの元へ直接届くというのはこれが初めてではないかと思います。一から十まで全部自社で作る、というのは、大変ではありましたが、非常に新鮮な経験でした。おかげさまで、この商品については後継商品のご注文もいただいております」

帝国通信工業の自社ブランドであるNOBLEが、業界関係者だけでなく、一般消費者にとってもなじみのあるものになる日がいずれ来るのかもしれない。

Column 1

最先端・最先鋭へ挑む人々の肖像①

やりたい仕事・取りたい資格があれば、どんどんやれと応援してくれる、あたたかい職場

赤穂工場 部品管理課 課長 松崎陽介さんの仕事

2003（平成15）年4月に新卒入社した松崎課長は、生まれも育ちも生粋の長野県人である。「大学を出たら、地元で働きたい……」、その思いと、小学生時代から続けてきた趣味の野球を続けられる環境を求めて、運命に導かれるように帝国通信工業・赤穂工場に入社することになった。

「赤穂工場の軟式野球部といえば、2001（平成13）年の全国大会で優勝したりして、地元じゃけっこう有名だったんですよ。残念ながら、もう15年くらい前になくなってしまいましたが……」

かつては毎日、仕事が終わると練習に精を出していたという松崎課長は、少し寂しそうに言った。大学時代に硬式野球に馴染んでいたため、勝手の違う軟式野球に苦労したが、チームメートには優秀なメンバーが揃い、それが仕事での成果にも繋がっていた。松崎課長と同じ高校の野球部で3年間共に汗を流した仲間もいて、彼を通じて「帝通という会社は、野球に力を入れている」ということは知っていたが、肝心の「何をしている会社なのか」については知らなかったという。

入社後は製品管理課に16年勤めた後、部品管理課へ異動。フィルムグループに2年弱、素体グループに1年余勤務した後、2022（令和4）年2月16日付で現職となる。現在は部品管理課の三つのグループ（フィルム・素体・インク）の各グループ長と共に課員の業務管理および進捗管理を行い、工場目標の達成に向けて課を統括している。日常の業務を細かく挙げていけば、「生産ラインの人員体制の確認」「生産計画の立案の確認」「製品の受注の確認」「原材料の調達の確認」「生産状況のチェック」「品質のチェック」「在庫のチェック」……などなど、多岐にわたるという。

「赤穂工場は、当社自慢のスクリーン印刷を一貫で生産できる環境が整っています。印刷に使うインクはインクグループが作り、軟らかいFPC（Flexible Printed Circuits／フレキシブルプリント基板）はフィルムグループが、硬いリジッド基板は素体グループが作ります」

部品管理課へ異動する以前、16年間に及んだ製品管理課時代の仕事で特に思い出深いのは、あるアミューズメント機器の操作スイッチユニットに使われる製品の大量発注があった時のことだという。当時、生産管理を担当していた松崎課長は、現場からの要請を受けて休日出勤や交代勤務も自発的に引き受け、さらには自ら現場の応援にも入って、なんとか顧客の要求に応えることができた。

「あのときは、工場全体で『何とかしよう』と心を一つにして、達成することができました。人にも設備にもかなり無理をさせてしまいましたが……。その後、部品管理課へ移って現場のものづくりに携わるようになりましたが、あのときの経験のおかげでなんとか頑張っていけていると思います」

無理がかかったのは、工場の生産能力以上の注文を受けてしまったのが原因だ。「もし、今、同じことがあったら、どうするか?」と尋ねると、松崎課長はためらいなく即答した。

「今だったら、注文の量を確認しながら、早めに設備更新をしていきます。機械の生産能力は決まっていますから、もう少し設備を増やして、生産できる数量を増やして対応していたでしょう」

帝国通信工業という会社、赤穂工場という職場については、こんなふうに思っているという。

「あたたかい職場だと思いますし、『こういう仕事をやりたい』とか『こんな資格を取りたい』と言えば、それなりに応えてもらえる環境ではあると思います。例えば、保全担当者が『予知保全』につながる資格を取りに行きたいと言ったら、会社は『どんどん行ってきなさい』と言ってくれる、そういう環境がとてもいいと思っています」

最後に、松崎課長自身の将来の目標について聞いてみた。

「赤穂工場に……つまり、自分に任せてくれれば『なんとかなる』とか『なんとかしてくれる』とか、あるいは『一緒に働きたい』と思ってもらえるような人間になりたいと思っています。工場では毎日同じことの繰り返しの中で『こうすればいいのに……』などの気づきもあると思うのですが、コミュニケーションが苦手な人が多く、なかなかそういう声は上がってきません。現場をいちばんわかっているのは彼らなので、そういうことを言いだしやすい職場環境をつくっていきたいですね」

メディアも注目する先端技術と、危機を乗り越えて躍進する組織

福井帝通 ミノワ工場 成型課 課長 高山剛さんの仕事

福井帝通株式会社は1969（昭和44）年、帝国通信工業の100％子会社として福井県坂井市に設立された。同ミノワ工場は1991（平成3）年、帝国通信工業のグループ会社であるミノワノーブル株式会社として長野県上伊那郡箕輪町に設立された。2011（平成23）年4月に両社が合併して福井帝通が存続会社となり、旧ミノワルーブルは「福井帝通 ミノワ工場」として生まれ変わったのである。

高山課長は2001（平成13）年4月、本社である帝国通信工業に新卒で入社したが、入社直後の新人教育でミノワ工場へ出向となり、そのまま本配属となったという経歴の持ち主である。

ミノワ工場ではプラスチックの射出成型品を生産している。

射出成型とは、金型に溶けたプラスチックを機械で流し込み、冷却固化させて取り出す、小物成型品に特化し小ロット生産にも対応することが強みの工場である。帝国通信

工業からの受注としては、アミューズメント機向け、および車載関係の部品が多い。また、これとは別に、福井帝通が独自の営業活動で受注してきた顧客があり、ミノワ工場ではこちらを「外販」と呼んでいる。なお、現在のミノワ工場は成型課のみなので、高山課長は工場長に次ぐナンバー2の立場にある。しかも、工場長はミノワ工場ではなく、福井県にある福井帝通本社に常駐しているため、高山課長が実質的なミノワ工場の管理者ということになる。

「最初はどうしたらいいものか、ドギマギしたものです。ミノワ工場には社員だけで25人、さらに派遣社員13人で、合計38人もの人間を預かっているようなものですから……」

そう語る高山課長は、大学では化学を専攻し、将来はものづくりの仕事に就きたいと志望していたという。当時はいわゆる就職氷河期の真っただ中であった。帝国通信工業への応募理由についてはこう言っている。

「電子部品を製造している会社であること以外、製品を知らなかったこともあり、はっきりとしたイメージはありませんでした。ただ、めざしていた製造業であることや、先輩が就職した、という履歴が残っていたので……それで応募しました」

結果的に、2社から内定をもらった高山課長は、熟考の末に帝国通信工業を選択した。理由を聞くと、当時、ちょうどある新聞の記事で帝国通信工業の「リニア振動アクチュエーターを開発した」という話題が取り上げられていたことで、「そういう先進的なこともする会社なんだな……」と改めて感じたことが直接的な決め手になったという。

「『新聞記事に取り上げられる』、ということは、『新聞などのマスメディアに対して、目に留まるような技術がある』ということとイコールだと思いました。かれこれ二十数年前のことなんですが、今でも強烈に記憶に残っています。若い頃の自分にとって、それだけ魅力的だったということでしょう」

入社以来の23年間でいちばん記憶に残っている仕事を尋ねると、高山課長は次のように言った。

「2011年にタイで洪水があったのを覚えているでしょうか。タイのチャオプラヤ川が氾濫し、洪水は半年近く続いて、多くの日本企業のタイ拠点が被災し、操業を停止しました。タイにある生産拠点のNOBLE PRECISION（THAILAND）CO.,LTD.も被災しましたが、部品供給を停止するわけにもいかないので、洪水で水没した金型をサルベージして、このミノワ工場へ空輸しメンテナンスして生産したことがありました。この時は、同僚はもちろん関連会社の方々をはじめ、OB、OGの方や協力会社様、お客様が一体となり危機を乗り越えることができました。これこそ組織がめざすべき姿ではないかとおぼろげながらに感じました。現在は当時の経験を活かし、おかげ様の心と人の役に立つことを念頭に組織運営に臨んでいます」

「人を大切に育てる」社風に惹《ひ》かれ入社。商品企画の仕事に適性を見出す

商品企画部 商品企画室 商品企画課 主査 川嶌義之さんの仕事

川嶌主査の入社年月日は2001（平成13）年4月1日。世間的には就職氷河期と呼ばれた就職難の時代であったが、ある業界だけは空前の活況を呈していた。世に言う「ITバブル」がそれだ。川嶌主査は当時を振り返って言う。

「あの頃、積極的に採用している求人はシステムエンジニアの仕事が多かったです。ちょうどITバブルといわれた頃で、そのような求人では『即戦力になれます。卒業前に来て仕事を体験できます』みたいなフレーズの企業が多い中で、帝国通信工業は全然違っていました。『ゆっくり育てます』とか、『入社して2年間は研修です』みたいな、よそとは全然違う説明をしていただき、この会社は人を大切に育てているのだろう、と感じました」

人を大切にして、ゆっくり育てるということに魅力を感じて、帝国通信工業にエントリーし、無事に採用された川嶌主査は、入社後すぐ、長野県須坂市にある工場（須坂帝

通株式会社の工場）へ1年間の新人研修に出た。当時の新入社員は全員、入社から1年間の研修が義務付けられており、研修場所は地方の工場になることが多かった。こうした研修場所は都会に比べて娯楽も少なく、若い人が終業後に遊びに行くような店も限られていました。初めての自炊や雪国での生活、つらい事も多かったですが、今思えば「すごく楽しく、人間として成長できた期間でした」とも。

その後、2002（平成14）年4月に本社に呼び戻され、正式な配属先として、製品設計室設計課へと配属された。

「大学では機械工学を学び、入社面接で配属先の希望を聞かれたときも、『CADを使った仕事に興味があります』と答えていました。それで、研修終了後に製品設計室への配属になったと思います」

だが、製品設計室に配属されてから約1年半が過ぎた頃、川嶌主査は、当時の開発部長から転属の話をもちかけられたという。製品設計室でひと通りの流れを経験した頃で、新しい部署へ行けば一から仕事を覚え直しになる。迷いがないでもなかったが、川嶌主査はこの誘いを受けて、現在の商品企画部に異動することになった。

川嶌主査によれば、「当時の商品企画部のメンバーはベテラン社員が多く、平均年齢が高かった中に自分が入ることに不安を感じました」。しかし、「若い人のセンスで新しい商品を生み出してほしい」「部署の若返りを図りたい……」ということで、川嶌主査に白羽の矢が立ったようだ。性格は社交的で、製品設計室時代に一度、客先に同行し刺激を受けたことも商品企画部の仕事に向いていると思われたのだろう。

「その後、現在に至るまで20年以上ずっと部署名改変などあったが同じ業務の部署にいますから、向いていたといえば向いていたと思います。製品設計室時代と、商品企画部に移ってからの仕事で、自分がどう変わったかといえば、考える幅が広く、多角的な考え方になりました。

どちらも同じフロアでの仕事とはいえ、商品企画は外に出ることが多く、そういう意味でも世界は広くなったと思います。また、顧客のエンジニアとも直接会話することで、自分自身の成長にも繋がっていると感じております」

「商品企画部の訪問先では、まだ商品のかたちにもなっていない企画・構想の段階から仕事に携わることができる。自分の中ではそれがいちばんやり甲斐を感じます」と川嶌主査は言う。

「自分の中で『やったな！』と思えたのが、ビデオカメラの仕事でした。

一つ前のモデル機を、私はユーザーの立場で使用していました。自分でも使っていましたから、『ここはちょっと……』など、ユーザーの立場で不満がありました。そのユーザー目線をモデルチェンジのタイミングで携わることになり、カメラメーカーの構想デザイン段階から提案することができました。

　私が考えていたことを提案すると、おおむね納得していただけました。予算枠もご提示いただき、いろいろ試算して、予算枠内で実現できる仕様を考え、最終的にこの提案が商品に採用されることとなりました。電器屋さんの店頭で見かけるたびに、仕事のやり甲斐を感じることができます」

技術系出身から営業へ。「口下手な自分でも成長できた」成功体験が後に生きる

営業部 営業企画室 室長 長﨑哲也さんの仕事

「入社以前は、何をしている会社なのかまったく知らなかった」……BtoB企業には珍しくないことだが、帝国通信工業もその例外ではなく、ほとんどの社員がそう回答している。そんな中で、例外的に「入社前からいくらか知っていました」と回答したのが、この長﨑室長であった。

「昔から『音』というものに興味があって、学生の頃にちょっと勉強したり、ステレオ機器をそろえて大音量で聴いてみたり。大学を卒業して就職する際には、いわゆる音響関係の仕事に何か携わりたいと思って、いろいろ活動していました」

1993（平成5）年4月に新卒で入社した長﨑室長は、技術系の学部出身のため、漠然と技術系部署である、開発・生産技術部門を志望していたのだが、研修期間を終え、本社に戻ってくるタイミングで営業部門への配属の話があり、販売の部署で約1年半勤務することになったという。会社のことは入社前から知っていても、営業関係の業

務に就くことは予想していなかったはずだ。そういう意味でギャップはなかったのだろうか？　そう尋ねると、長﨑室長は即答した。

「そうですね。ギャップに悩んだりはしなかったですね。会社からの指示でしたし。ただ、営業に配属が決まったときには、『あがり症で口下手なのに……』と戸惑いがありました。人前でしゃべるのが極端に苦手だったので、『なんで営業に行くのかな？』と疑問に感じつつ配属されたという感じです」

ただ、1年半の販売の仕事は、その後のキャリアに大いに役立っていると長﨑室長は言う。

「やはり、対人コミュニケーションという意味ではすごく勉強になったと思います。口下手な自分でも経験を重ねることで成長ができた、という成功体験は、後から振り返ってみるとすごく貴重なものでした」

その言葉通り、長﨑室長自身としてはそれほど嫌だったわけではなかったそうだが、「自分には向いていないんじゃないか？」ということは絶えず思っていたという。その後、営業部門の中でも営業システム系の仕事があり、そちらのほうでやってみないかという話になったそうだ。

「当時の部署名は『営業推進部　システム支援グループ』でしたが、その後、何度か名称が変更されて、現在は『営業部 営業企画室』という名称になっています。営業企画室の仕事は？　と聞かれれば、販売業務以外の営業関連の業務全般で、具体的には展示会をはじめとした広告宣伝活動や、統計・分析業務、各種営業業務支援などが中心です」

とはいえ、実際にはそうそう毎日イベントや広告があるわけでもないだろう。日常的な業務について尋ねると、「顧客と情報システム部との橋渡し」のような仕事も多いという。もう少し詳しく聞いてみた。

「お客様との受発注取引はシステムを介して行うことも多く、私の役割は、お客様の受発注システムの内容を把握し、社内のシステムとどうやって連携させるか？　というときに、当社側の窓口となってサポートすることが日常業務の一つになります。また、社内業務の様々な仕組みについて営業部門の方たちに周知をさせる教育をする立場でもあります」

営業企画室の取り組み案件の中で特に印象深いものは何かと問うと、次のような答えが返ってきた。

「２０１６（平成28）年9月頃から当社ホームページのリニューアルを担当しました。公開されたのが２０１７（平成29）年6月ですので、約1年がかりのプロジェクトになりましたが、リニューアルの結果、検索率の大幅な向上に繋がりました。それ以降に入社した社員に聞くと、だいたいホームページは全員が見ていて、同業他社と比べても見劣りはしないようです。偶然ですが、その後すぐにコロナ禍で面接方法なども変わり、ホームページの役割もより重要になってきました。結果論ですが、リニューアルのタイミングとしてはベストだったといえるかもしれません」

20年後に会社が100周年を迎えるとき、60歳になった自分は、もっといい話ができると思う

営業部 営業二課 課長 木村拓也さんの仕事

帝国通信工業との最初の出会いを尋ねると「大学の企業説明会でした」と答えた木村課長。一見当たり前の出合いの場であるが、木村課長にとっては極めて印象的な出会いであったという。

「確か、アミューズメント機器などの製品がいくつか置かれていて『何の会社だろう？』と思って近づいていった……という記憶があります。社員の方に質問すると『社名とか、具体的に出せないんだよ』とおっしゃっていて、そこに逆に興味を惹かれ、面白そうだなと思いましたね。もともと提案型営業の仕事に就きたいと漠然と考えていたので、こちらに応募することにいたしました」

木村課長が入社したのは2007（平成19年）年4月。入社後すぐに1年間の工場研修を実施していることを承知していたそうだが「本社に残る人間もいる……」と噂に聞いていたため、「営業志望の自分は本社に残るんだろうな」と勝手に思い込んでいたと

いう。それもあって、長野県赤穂工場での研修を告げられたときには、驚きと不安でネガティブな気もちになったと話す。

「とはいえ、結果的にはすごく楽しかったですね。工場の皆さんがとにかく優しくて、不安はすぐに払拭されました。同期も4人いたので、週末になると皆でどこかに出かけたりしました。車がないと遊びに行く範囲は限られてしまうのですが、幸い私は車をもって行っていたので、皆を乗せて冬は近くの山へスノーボードに行ったりと、駒ヶ根市での生活を満喫しました。工場研修後は、2008（平成20）年から現在に至るまで営業部配属となります」

正式配属後も、いわば見習い期間のような配属先研修があり、最初の1年間は基本的に先輩や上司に同行して顧客を訪問、商談や営業活動の現場をじかに見て学ばせるスタイルのようだ。木村課長もこの方針で育てられ、社会人3年目にようやく一人で営業に回るようになったという。

「最近は、もっとスピード感のある育成となっているかもしれませんが、少なくとも私の入社当時は『きちんと学ぶ』『帝通の文化に触れる』ことに時間をかけていただいた印象があります。私どもの営業スタイルはいわゆるルートセールスと呼ばれる類いになります。営業同行では、取引実績のある既存のお客様を訪問させていただきました。お困りごとのヒアリングや提案が主な目的となりますが、商談を進めるためには様々な知識やスキルが必要であると痛感しました。営業活動を行う上で必要な説明方法や具体的な行動、求められるスキルなど多くのことを学ばせていただきました」

「現在は、車載関係の担当セクションに所属しています。いわゆるティア1（一次請け）と呼ばれる自動車部品メーカー様がお客様になります。私どもはティア2（二次請け）の立場で営業活動を行っているのですが、自動車メーカー様が新車種開発などのプロジェクトを立ち上げる際に、ティア1メーカー様を通じて新車種開発に付随する情報やお困りごと、ご要望などをヒアリングし、お役に立てそうな提案をさせていただくというのが主な仕事の流れになります」

帝国通信工業の立場としては、営業活動の重要な業務の一つとして、実際に顧客のもとへ直接足を運び訪問営業を行うが、最終的に提案が通り製品が採用されることになると、逆に、顧客が帝国通信工業へ工場監査に来社することがある。そして、特に新規性の高い製品や、顧客にとってその分野で初めて扱う製品である場合には、ティア1メーカーだけでなく、自動車メーカーからも監査の担当者がやってくることがあるという。

「そういう監査を過去に数回経験しましたが、やはり、そういったケースの監査を受ける際には、営業としての役割も非常にウェイトが重くなります。自動車メーカー様の監査の前に、ティア1メーカー様の事前監査が行われることもあります。場合によっては、まずティア1メーカー様の実務レベルで1回、次にその上役の方がお見えになり2回目が行われ、その後に自動車メーカー様の監査本番を迎える……といった段階を踏むことになります。そのレベルの監査を無事やり遂げたときの喜びは格別ですね」

20年後、帝国通信工業の100周年のとき、木村課長は60歳になる。「その時は、今よりいい話ができると思う」と語る木村課長は、20年後もここで働いていることを確信しているようであった。

第4章

様々な企業活動にも貢献する帝通の技術

大型の電子黒板を可能にした、大判印刷機による基板の製造

車載電子機器やホビー・エンターテインメント関連、生活家電などと並んで、帝国通信工業の技術が活用されている分野として、いわゆる産業機器の領域がある。具体的には、企業のオフィスや工場、あるいは学校の教室など、広義のビジネスの場で用いられる様々な電子機器である。

取締役上席執行役員営業統括の高岡は言う。

「私たちの会社の大本になっている技術は、根幹の部分は共通しています。それが形を変えることで、自動車部品になったり、あるいはセンサになったりするわけですが、結局、用途が多少違うというだけで、同じ技術の応用なんです。

それは何の技術かといえば、『何かを動かして、あるいは動いて、それをセンシングする』という技術。『動かす』というのは音量のボリュームであるとか、自動車のワイパーを動かすつまみであるとか。そういう根幹の技術が当社の製品の特徴になっていると思います。事務用機器の分野でいえば、まず取り上げたいのが電子黒板です」

電子黒板は、デジタルホワイトボード、もしくはインタラクティブホワイトボードなどと呼ばれることもある。「黒板」というのはもちろん慣習的な呼称で、基本的にはビ

ジネスの場で会議などに使用されるホワイトボードであり、白いボードに黒や他の色のマーカーで文字や図を書くものだ。

ただのホワイトボードとの違いは、「書かれた文字を保存することができ、他のデジタルデバイスの画面に表示したり、プリンターで印刷したりできる」「写真や絵などをプロジェクターで投影できる」「元資料のデータに書き込み、内容を反映できる」など、双方向型の利用が可能であること。そのために、ボードの裏にはセンサが組み込まれており、これでボードの表面の動きを検知している。このセンサに使われているのが、帝国通信工業の技術である。高岡営業統括は続ける。

「電子黒板というのは厚みがあまりないので、センサは薄いPETシートに銀パターンでスクリーン印刷することになります。これをホワイトボードの裏側に貼り付けるわけですが、スクリーン印刷そのものはともかく、印刷するシートのサイズが問題でした」

企業のミーティングなどで一般的に使用されているホワイトボードの規格サイズは、縦800〜900㎜、横1200〜1800㎜程度。小・中学校の教室で使用されるものは、横幅が2000〜3000㎜に及ぶという。だが、帝国通信工業の工場内にあった既存の印刷機では、残念ながらこれだけのサイズに印刷できなかったのである。

そこで、この電極シートを印刷するための大判印刷機を新たに導入することになった。必要な設備投資には違いないが、現場の要請に応えて高額な機械の購入が直ちに承認されたのは、帝国通信工業という会社組織の小回りの利く判断力や柔軟性を示しているといえる。

「これだけ大きな電子回路というのはちょっと他ではお目にかからないかもしれません。PETシートの両面にパターンを印刷して構成しています。そのパターンを介して静電容量の変化をセンシングしている仕組みになっています」

高岡営業統括の言う「静電容量」とは、簡単に言えば電気エネルギーの貯蔵容量のことだ。用語を調べると「コンデンサなどの絶縁された導電体間において、どの程度の電荷が蓄えられるかを表す量」と解説されている。人体の静電容量は、「素足で、接地金属板の上に置かれた厚さ12㎜の絶縁板の上に立ったとき」おおよそ200pF（ピコファラド。1pFは1兆分の1F）前後であるという。なお、スマートフォンの指で操作する原理もこの静電容量方式となっている。

「例えば、学校の授業などで教師が電子黒板の一点を指して『ここ』と言うときに、その指をさした位置を検出することができるわけです。ただ、ホワイトボードはいわゆる

静電タッチスイッチユニットデモサンプル

『画面』ではないので、プロジェクターを使って図や文字を映写しています。例えば、教師がホワイトボード上に映写されているフォルダのアイコンに触れると、映像が切り替わってフォルダの内部に移動する、など……」

この方式は、1～2世代で別の方式に切り替わってしまい短命に終わってしまったが、大判の回路印刷を量産出荷までやり遂げたことは、設計開発、生産技術、物流と各分野の経験値をあげる案件であったことは、間違いない。

また、この案件を通して、グループ内の物流経路を改めて見直す契機にもなったという。

大判印刷機を導入したのは、長野県駒ヶ根市にある帝国通信工業 赤穂工場である。ここで印刷した電極シートを、顧客先の工場へ輸送するのだが、輸送用トラックにどうやって積み込むのかが問題となった。軟らかい材質のシートだけに、積載時に曲がったりしようものなら、印刷してある電子回路が折れた箇所で断線するなど故障や不具合が生じるかもしれない。そこで、シートが輸送途中で曲がったりしないように頑丈な輸送用のラックを製作してみたのだが、今度は重量が重くなり過ぎてしまったという。

「……万事そんな具合で、事前にもう少しよく考えていればよかったのですが、当時はそこまで考えが回りませんでした。物流についても、ＪＲで運ぶならどういうルートで行けばいいとか、後からいろいろ悩むことになりました。実際にはトラックで運んだのですが、重量のあるラックに入れていたために、当社にあるいちばん大きなフォークリフトで積み込みました。ところが、現地に着いたところ、顧客先の工場にあったフォークリフトはひと回り小型だったためパワーが足りず、もち上がらない。せっかく運んだのになかなかトラックから荷降ろしすることができず、難渋しました。やはり、今まで経験のないことをあまり簡単に考えていたらダメだと思い知らされましたね」

そのときが初の出荷であったため、現地に同行して荷降ろしに立ち会っていたという高岡営業統括は、そう言って苦笑いを浮かべた。

なお、その後、ラックを軽い段ボール製の物に替えたところ、今度はうまくいったという。

「この大判印刷機を導入したことにより、その後、まったく違う製品に利用されることになりました。これは医療系の分野での案件でした。」

電子黒板から医療分野へと、新たなチャレンジをすると、また別の可能性が生まれてくる。苦労は多かったが、それが後々いろいろな場面で応用が利く経験をたくさん積むことができた、と高岡営業統括は言う。

帝国通信工業 赤穂工場8号棟

ボイスレコーダーなどの小型の機器を軽量化するプリント基板

電子黒板ではめったにない大型の電極シートを扱うことになったが、もともと、帝国通信工業が得意とするのは小型（超小型）・薄型（極薄型）セット向けの電極シートである。

その得意分野を活かした事務機器系での例を挙げると、例えば「ボイスレコーダー」という製品がある。これは、前出の電子黒板やプロジェクターなどにも使用されているフレキシブルプリント基板と呼ばれるもので、ＰＥＴフィルムに回路を印刷して構成することで薄型軽量を実現している。ボイスレコーダーはそもそも製品自体が小型・軽量であることを求められる機械であり、帝国通信工業の得意とする技術が製品の一層の小型化・軽量化に貢献することができたといえるだろう。

これに限らず、小型・薄型のプリント基板の応用範囲はかなり幅広い。

事務機器系——というより、広義の産業機器系のカテゴリーで見ていくと、帝国通信工業の製品は、一般に「電源基板」と呼ばれるものに多くの採用実績がある。営業部第4課課長の橋本敬二は言う。

「生活家電を含めたあらゆる電化製品では、本体が稼働しているとき、『電源基板』と

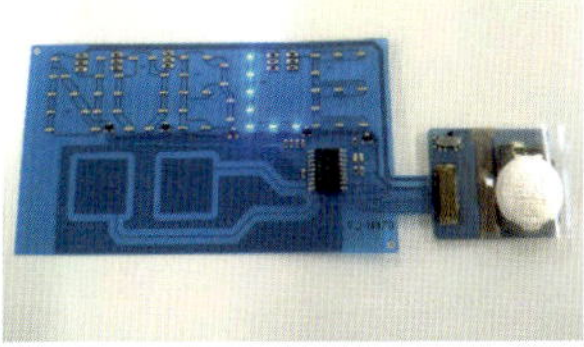

ＰＥＴフィルムに回路を印刷して構成し薄型化を実現

いうところに、パワーを使う回路や、電流を測るための回路に抵抗器が入っています。電源をオンにした瞬間に発生する過電流を制御するもの、本体稼働中に回路内を流れる電流を検出するもの――と言えばおわかりでしょうか？　この他、コンデンサーにたまった電荷を抜くための放電用にも抵抗器が使われています。これらの用途で使われているのは各種のセメント抵抗器で、一般的な電源関係では、金属板抵抗や巻線抵抗が内蔵されているセメント抵抗器が使われています」

身近な例で言えば――携帯電話・スマートフォンに充電するときは、家庭用コンセントにACアダプタを挿して、コードの先端に付いているプラグをスマートフォンに挿し込んで充電することになる。ACアダプタの役割としては、家庭用コンセントの交流100Vを直流の数Vに変換するなどして、スマートフォンが使用できるようになっている。

無論、スマートフォンに限らず、家庭用コンセントに接続して充電、あるいはプラグを挿したままで使用する電化製品は、すべて仕様に合わせて電流や電圧を調整した上で出力された電気を使用している。だからこそ、使用法を守って正しく使用している限り、電化製品を安全に稼働させることができるのだ――と橋本課長は解説する。

さらに、橋本課長は言う。

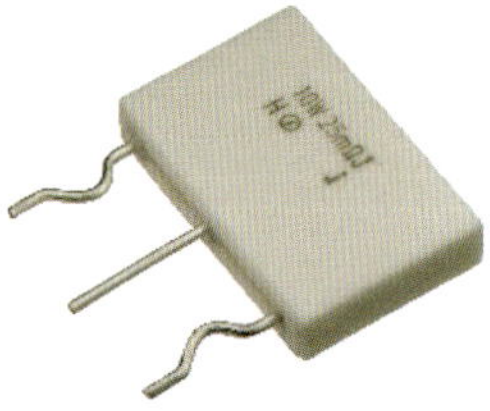

セメント抵抗器　RGCシリーズ

「少々話を広げ過ぎましたが――要するに、当社のセメント抵抗器は、いわゆる『電気を使う、あらゆる製品』に使われている、ということです。あまり一般の方が目にする機会はないでしょうが、携帯電話の基地局であるとか、あるいは工場で稼働している工業用ロボットを制御するコントローラーであるとか、そういう広義の産業機器系の電源基板には過電流が生じるためにセメント抵抗器が採用されています。また、一般的な汎用電源を用いる機器で言えば、例えば計測器であるとか、半導体製造装置であるとか、医療機器であるとか、そういう各種装置の電源にも当社の抵抗器を採用いただいているものがあります」

事務機器系に話を戻すと、企業のオフィスなどに置かれている複合機（コピー、プリンター、スキャナー、ファクシミリなどの機能を一台にまとめたもの）の電源にも、多くのメーカーで帝国通信工業製の抵抗器が採用されている。複合機の場合、さらに、紙のサイズ検知には、可変抵抗器を用いたセンシング機能が応用されているという。橋本課長は言う。

「紙のサイズ検知というと、コピー元の原稿をセットすると印刷する用紙のサイズが選択されます。あれは、サイズを検知するガイドと可変抵抗器が連動して位置（サイズ）を読み込んでいます。このガイドの移動量を可変抵抗器で検出しているので、自動的に

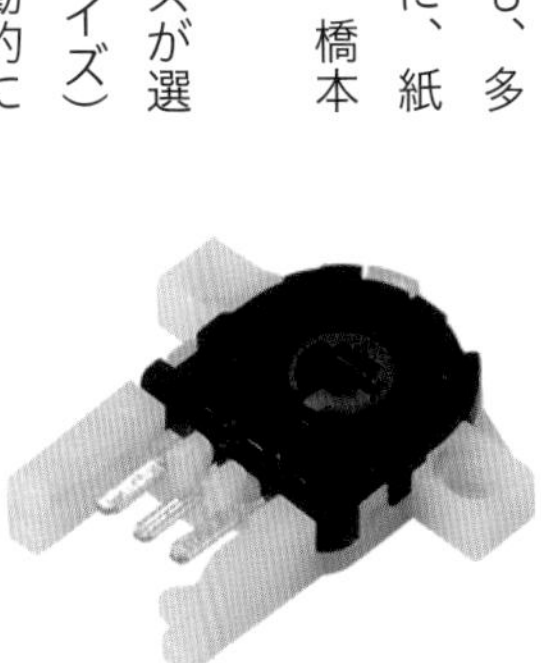

紙のサイズ検知用可変抵抗器型センサ　XRS11シリーズ

最適なサイズの用紙が選択されるわけです。スライド式の可変抵抗器や回転式の可変抵抗器の二種類が採用される例があります。スライド式はガイドにそのまま追従し、回転式はギアと連動させてサイズを検出します」

スライド式と回転式は、根本の部分では原理は共通しているようだ。

より使いやすい事務機器を実現する薄型の操作ユニット

その他、事務機器系では、モバイルプリンターの操作ブロックにも帝国通信工業製のユニットが採用されている。モバイルプリンターは、例えば配達員が伝票を印刷したり、警察官が交通違反切符を印刷したりするのに使用されているもので、ユーザーが「持ち運ぶ」ことが前提となっているため、小型化・薄型化が要求される製品である。操作ブロックは、ユーザーが操作した感触を求めるため、厚みは非常に薄いながらも操作感を出す技術を活かしている。こちらも前出のボイスレコーダー同様、帝国通信工業が得意とする薄型（極薄型）のユニットを作る技術にメーカーが魅力を感じて採用されたものだ――と橋本課長が誇らしげに言う。

このように、薄型の操作ユニットは、「より使いやすい事務機器」の実現に大きく貢献している。

　では、薄型（極薄型）のユニット製造を可能とする帝国通信工業の技術とは何か。これは、前述したセメント抵抗器とも関係しているようだ。高岡営業統括は次のように解説する。

「私たち帝国通信工業の強み、競合に対してのアドバンテージとしては、『お客様のご要望に応じて製品をカスタマイズできる』ことが挙げられます。

　それがなぜ可能なのかと言えば、セメント抵抗器の例を挙げると構造がシンプルで、セメントを覆う碍子《がいし》形状や、端子形状はカスタマイズしやすいものとなっています。セットスペースの高さ問題や、基板サイズ制限問題を解決するために低背仕様やスリム仕様の提案も行います。お客様からの要求に対して『ありません』とか『できません』ではなく、『可能な限りカスタマイズに応じます』という当社のスタンスをご評価いただいているのだと思います」

　事務機器というのは、これまで見てきた車載電装品やエンターテインメント関連の製品、生活家電などに比べると、帝国通信工業全体の売上の中ではそれほど大きな比率を占めているわけではないが、取引はこれまで一度も途切れずに続いているという。

　高岡営業統括は、語気を強めた。

「今も取引が続いているお客様は、私たちの製品や顧客対応の在り方を気に入っていただき、いわば帝通にほれ込んで、ずっと使っていただいているメーカーさんです。当社の製品でなければ使いづらいとおっしゃってくださるメーカーさんは少なくありません」

帝国通信工業が「下請け（孫請け）の部品メーカー」という立場に徹して、価格だけで勝負するつもりであれば、顧客からの特殊なカスタマイズの要望に対しては、例えば、端子がむき出しになっている状態の基板を納入した上で「後はそちらでハンダ付けまでやってください」と言うこともできた。そのほうが、むしろ業界としては標準的な対応だったかもしれない。

だが、帝国通信工業はそうしなかった。安易なやり方でお茶を濁さず、あえて手間のかかるカスタマイズ対応を選んだ。顧客の要求を実現するため、試行錯誤を繰り返しながらも特殊な形状を考えてカスタマイズする。それが特徴であり、アイデンティティーにもなっていた。

さらに、他社には真似のできない帝国通信工業ならではの技術的優位性としては、前章までにも再三言及している通り、プリント基板のスクリーン印刷技術がある。

自ら「優位性」という言葉を用いていることからもわかる通り、事この分野に関しては、帝国通信工業は他社の追随を許さない独自の先進技術を確立していると言っても過言ではないだろう。スクリーン印刷における技術の優位性とは、具体的には「いかに均一に精度の高い印刷ができるか?」が最大のポイントとなる――と高岡営業統括は言う。

　帝国通信工業の印刷技術の強みは「独自で製造している抵抗インク」を使って自社で行う「スクリーン印刷」によって、耐久性に優れた精度の高い印刷が実現している。耐久性は抵抗体を摩耗（摺動）できる回数が優れている点、精度と抵抗印刷部を可変抵抗として使用する際、いかに直線性（リニアリティ）が優れているかという点になる。耐久性の高さと精度の高さ――ものづくりの上では両立させるのが難しいこの二つの要素を兼ね備えているのである。そこもまた、帝国通信工業の大いなる強みであるという。

　事務機器および産業機器の分野の将来性について、橋本課長は次のように述べている。

「帝国通信工業ではこれまで、いわゆる『民生用』の製品に注力していましたが、広義の『産業用』の需要にも目を向ければ、伸びしろはあるように思います」

　先般のコロナ禍を通じて、いわゆる在宅勤務・リモート勤務が一気に身近なものとなったが、これにより民生用（家庭用）事務機器の需要拡大であったり、ＩｏＴ（Internet of Things）の普及などにより、事務機器業界自体が、生き残りをかけて

直線性（リニアリティ）に優れたスライド型センサXLS120シリーズ

様々な分野にチャレンジしていっている。例えば、コンビニエンスストアに設置されている複合機は、単なるコピー機ではなく、各種証明書の発行や各種イベントのチケット販売など、様々な機能を備えるようになった。

そういう意味からも、帝国通信工業では、事務機器業界には将来的にさらなる成長の余地を残していると予測している。現時点ではまだ、「電源周り」と「操作パネル」にしか参入できていないものの、まだ開拓できていない新規の需要が見込めると橋本課長は推測している。

「また、一時期は、FA（Factory Automation）のカテゴリーで、大型設備に使うようなインバーターやサーボアンプなどにも携わっていました。FA関連分野ではセメント抵抗器の潜在的な需要は非常に高いことがわかっています。そこで、将来的にもう一度参入できれば……と考えています」

FA関連への再参入のきっかけとして、帝国通信工業が期待しているのが、後述するEV車を中心とする自動車業界だという。そちらの関係では現在、IATF-16949（自動車産業に特化した品質マネジメントシステムに関する国際規格）を取得するなど、社内の意思統一を進めている。橋本課長は次のように総括した。

「最近はEV車関連の設備投資なども行っており、社内の機運も盛り上がりつつありま

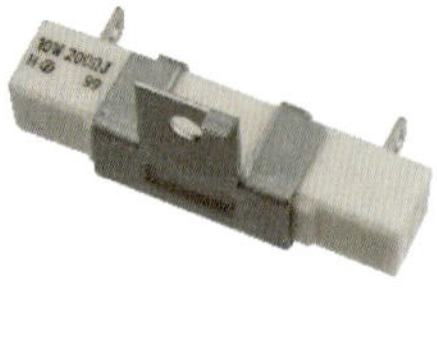

FA関連分野で使用されるセメント抵抗器RGB-HSシリーズ

FA関連分野で使用されるセメント抵抗器RGDシリーズ

す。過去のラインアップを絞り込んで製品のカスタマイズにシフトしてきましたが、帝国通信工業の標準部品となる製品を地道に拡充することで、今後に繋がっていくと考えています」

第5章

人々の健康を支えるための帝通の技術

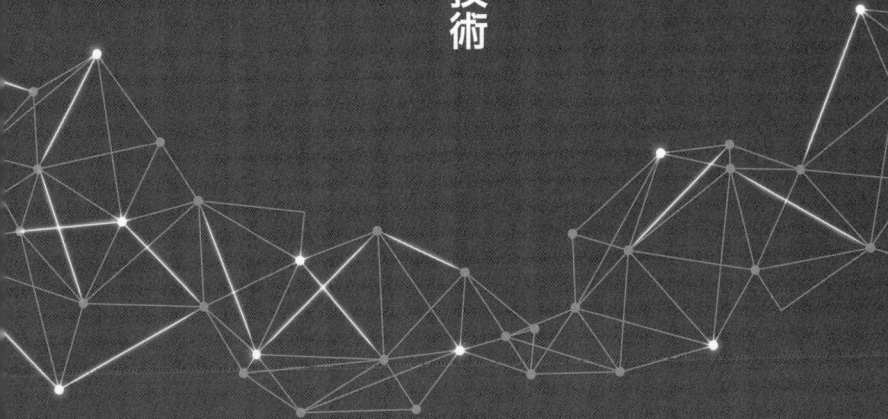

肌に触れる電極から、できる限り不快感を取り除く技術

80年に及ぶ帝国通信工業の歴史の中で、比較的最近、新たに参入したのが医療・ヘルスケア分野である。最初の製品は、近年急速に普及が進んできたAED（Automated External Defibrillator／自動体外式除細動器）関連の部品であった。

AEDとは、自動的に心電図の測定・解析を行い、心臓がけいれんし、血液を送り出すポンプ機能を失った心停止状態（心室細動）の傷病者に対して、電気ショックを与え（除細動）、心臓を正常なリズムに戻すための医療機器である。かつては専門の医療機関でもなければなかなか見かけない機械だったが、昨今では、駅などの公共交通機関やオフィスビルなど、街中の至るところで目にするようになった。

AED普及のきっかけとなったのは、2002（平成14）年11月21日、皇族の高円宮憲仁親王（現在の明仁上皇の従弟に当たる）が心室細動で薨去《こうきょ》されたことだという。これ以降、心室細動に対する対応が厚生労働省や消防庁で取り上げられ、応急処置におけるAEDの有効性が広く知られるようになった。そして、2年後の2004（平成16）年には、特別な資格をもたない一般人の手による除細動のためのAEDの使用が認められるようになり、一気に普及することになった。

なお、余談ではあるが、帝国通信工業の社員の中にも、緊急時にＡＥＤを用いた応急処置のおかげで一命をとりとめた人がいる。

受注した経緯について、（現）営業部営業5課課長で医療領域グループのグループリーダーを務める暈《ひかさ》英基は次のように語っている。

「そもそもの出発点は、２０１１（平成23）年――ご存知の通り、東日本大震災があった年です。この年の10月6日、展示会である企業が出展していたディスポーザブル電極をたまたま見かけて、『もしかしたら、うちと取引できるのでは？』と漠然と考えたのが最初でした。その企業とは、その時点までまったく接点はありませんでしたが、思い切って直接電話してみることにしました。完全な飛び込み営業です」

無論、一面識もない会社からの営業電話であるから、まともに対応してもらえるはずもない。技術部門の人間に取り次いでもらえたものの、初めはけんもほろろの扱いで「必要ありません」と一蹴されたという。そこで、暈課長は、取引実績のある商社を通じて、その企業と何とかコンタクトを取ることにした。展示会から2カ月余りたった同年12月、ようやく先方の担当者との面談にこぎ着けることができたが、最初のうちはなかなか色よい返事は聞けなかった。

「商習慣も企業文化もまったく違う異業界ですから、苦労はいろいろありました。ただ、根気よく通い詰めて、話をさせていただく中で、〝お試し〟といいますか、『こういう物があるんだけど、やってみますか？』というかたちで、最初に受注したのがこのAEDの関連部品でした。当初売り込みのキッカケとなったディスポーザブル電極を提案していたのですが、その時はまだ任せていただけませんでした」

暈課長はそう述懐する。

最初に受注したこの製品は、肌に直接貼りつけるゲル状の粘液の影響で、抵抗値が異常に上昇してしまうという問題点があった。そこで、何度も実験を繰り返し、粘液中でも正常な抵抗値を保てる抵抗体を見つけ出し、これを基に製品が完成した。最初の納入は２０１４（平成26）年12月、月産数千個の小規模な取引からスタートすることになった。この取引は増産継続しており、10年後の２０２４（令和６）年現在では累計数百万個を超えているという。

また、これと並行して、ディスポーザブル電極（このときから医療分野の受注案件はMEのナンバリングで呼称が始まった）についても提案を続けていたが、こちらも２０１６（平成28）年に受注にこぎ着けている。これはもともと、競合他社が受注していたのだが、その後の仕様の変化により、帝国通信工業に引き合いが来たのだという。

「ただ、こちらも技術的には難しい問題がありました。やはりゲルが影響していたので

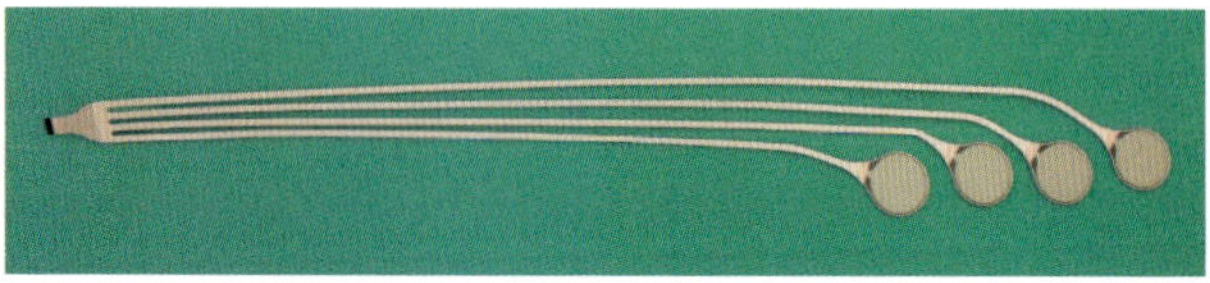

ディスポーザブル電極　MEシリーズデモサンプル

すが、なかなか原因が特定できず、頭を悩ませました。最終的には、意外なところに原因があることが判明し、ようやく対策の目途がついたのですが……。この頃から山中がプロジェクトに参加するようになり、それ以来、一緒にやっております」

量課長はそう言って、傍らにいる商品企画部主任の山中裕二に話を振った。これを受けて、山中主任が先を続ける。

「技術的な問題点はクリアしたものの、コスト面での課題が残っていました。何しろ、競合他社のほうではすでに量産化しており、ある程度コストダウンが進んでいたのに対して、後発の我われは一から量産体制を構築しなければならないため、価格が折り合いませんでした。そこを何とか、社内のあちこちと調整して、見合った価格を算出して、ようやく受注できることになりました」

これに続いて、翌2017（平成29）年8月には、同じ企業から新たな製品の受注に至っている。MEシリーズの最初の数機種はすべて同一の顧客先への納入であり、段階を踏んで顧客先の信頼を勝ち得たことで徐々に取引規模が拡大していった。

ちなみに、これらのMEシリーズのディスポーザブル電極には帝国通信工業独自の工夫が施されている。

スクリーン印刷技術を用いた「スルーホール印刷」や「積層印刷」を駆使することで、ノイズ干渉を抑えている。さらに「インク開発」により装着時の肌触りまでを追求しているのだ。

基本的に他社製品はスポンジのような素材のフィルムが採用されているが、高価な材料であったため、絶縁インク材料にひと工夫加えたものに置き換えることにしたのである。製品表面がスポンジ状になるような処理を施すことで高価なスポンジフィルムを使用しなくても肌触りが気にならないようにすることができた。開発部要素技術1課の鈴木啓史課長は言う。

「今後の課題ですが、装着性の向上というテーマがあります。家電などの電極シートの素材にはPETフィルムを使用していますが、PETは伸縮しないので、医療領域ではウレタンの使用が考えられています。ウレタン製のシートを用いてディスポーザブル電極が作製できれば肌触りが良く、体の動きに追従する装着性の高い電極ができます。ただ、PETと比較してウレタンは原価が高いのと、伸縮する導体やレジストのインク開発が必要になってくるため、さらなる研究が必要になると思います」

このウレタン素材のディスポーザブル電極については、将来的にヘルスケア領域の様々な製品への応用が期待されている。特に、乳幼児や動物などに使用する場合、成人よりも肌の不快感には敏感であるため、より低ストレスなシート材料の開発は必須であるという。

わずかな情報も正確に収集するためのノイズ除去

前節で述べたMEシリーズの一部の機種の納入先は同一の企業だが、無論、帝国通信工業の医療領域における顧客はそこ1社だけではない。

他の顧客としては、M社が挙げられ、同社の設立以前からの付き合いになる。暈課長は言う。

「M社は大学発のベンチャーで、もともと2017年1月に開催された展示会に、帝国通信工業が『生体向けのディスポーザブル電極』を出展したときに、大学内で睡眠を研究しているある機関からお声がけいただきまして、そこからのスタートになります」

M社は、ある睡眠計測サービスを事業とする企業だ。これは、睡眠中の脳波を測定してAIで解析し、医師のアドバイスや改善アドバイスを利用者にレポートするというサービスであり、この「睡眠中の脳波測定」に用いるウエアラブルデバイスの自社開発を進めていく中で、帝国通信工業が展示会に出展した電極に着目したのである。

もともと、この「ディスポーザブル電極」というのは、心電図計測用に使用される電極であった。従来の電極は、手術の終了や患者の退院などの際にきれいに洗浄して、再利用していたが、使い捨てタイプにすることで洗浄の手間をなくし、医療従事者の負担軽減に繋げる狙いがあったという。

初めて睡眠計測サービスのコンセプトを聞かされたときのことを、暈課長は次のように語る。

「例えば、病院へ行って『私は不眠症です』と自己申告をすれば、医師は睡眠薬を処方してくれるでしょう。それで問題はないように思われるかもしれませんが、このとき、不眠症というのが本当かどうか、本当に睡眠が足りていないのかどうか、検査も測定もしないまま薬を処方してしまっていいものでしょうか？　本当に眠れていないのか、睡眠の質はどうなのか？　『不眠症だ』と言うなら、そういうことをきちんと調べた上で薬を処方するのがあるべき姿であり、そこを目標にしたい……というお考えだと伺いました」

M社ではこのコンセプトに基づき、ウエアラブル、すなわち肌に直接装着する電極を頭部に貼り付けて睡眠時の脳波を測定する脳波計を開発した。この脳波計の電極として、帝国通信工業の製品が採用されることになったのである。

睡眠に関する研究や製品開発の支援、さらに睡眠状態や睡眠トラブルのリスクを評価することを目的として提供するようになる。さらに、同社ではバージョンアップした医療機器のテレメトリー式脳波計を開発し、創薬の治験・市販後調査や医療機関での利活用を促進している。

帝国通信工業では、脳波計に使用される電極（ディスポーザブル電極）を提供しており、測定対象別に、それぞれ「成人用」「幼児用」「乳児用」の製品を開発中である。これまでのMEシリーズとの違いは、「睡眠」に特化しているということ、また装着する部位が頭部であり、測定するものが脳波であるということである。山中主任は言う。

「脳波も電気信号ですから、基本的な原理は他の電極と変わりありません。ただ、脳波の電圧は非常に小さいため、ノイズ対策をしっかりしておかないとそもそも正確に測定することができません。その点、我われの開発した電極は多層構造になっており、信号の上下をシールドで覆うようなかたちを構成しているため、もともと『ノイズに強い電極』ということを売りにしていましたので、その長所を活かして、使用目的に合わせてうまく応用することができたと思っています」

ここに出てきた「シールド」というのは、正式にはシールドケーブルと呼ばれ、信号を伝達するための導線（芯線）と被膜（シース）の間に、ノイズの影響を防ぐ目的で導線（芯線）の周囲を覆うようにシールド材が施されているケーブルのことだ。すなわち、信号線の上面と反対面にシールド用の配線を使用しているため、ノイズが入りにくくなっているのである。

なお、入眠時には、たとえ成人であっても電極装着のストレスには敏感になりがちである。まして、乳児や幼児であればなおさらだ。したがって、これらの製品には、前述した装着時のストレスを低減するための工夫が施されていることは言うまでもない。帝国通信工業の製品は、「ノイズ除去」に加え、「ストレス低減」という面においても優位性を誇っているのである。

「製品である電極は、最終的にアルミ袋に梱包《こんぽう》することになりますが、ここまで社内の一貫生産で対応できるメーカーはなかなかないというのが強みです。この、アルミ袋で梱包するというのは、遮光のためであると共に、含水ゲルを使用しているため、水分の蒸発を防ぐという目的もあります」

睡眠時の動きを計測するための大判フィルム電極

第４章で電子黒板の大判フィルム印刷について触れた際、工場に導入した大型の印刷機がその後、別用途に転用されることになった——という経緯について簡単に述べた。それが、医療分野における「大判／長尺フィルム電極」である。これは、ベッドと同サイズの大判フィルムであり、実寸にして2000㎜×1500㎜というところで、電子黒板の寸法とほぼ同等か、ひと回り小さいくらいのサイズになる。用途としては、これも電子黒板と同様の静電容量測定の電極であり、人体のもつ静電容量を検出することにより、被験者の体がどこに触れているかを検出することで、睡眠中の体の動きが計測できるようになっている。

寝ているときに自分の意思とは関係なく手足の筋肉が動き、ビクッとなる現象は「入眠時ミオクローヌス」と呼ばれるもので、多くの人が経験する。だが、寝ていて手足が激しく動いたり、時に大声で叫ぶようなケースでは、「レム睡眠行動障害」の疑いがあるという。これはパーキンソン病や認知症に発展する可能性もあるといわれている。

そこまで深刻ではなくても、睡眠時の体の動きを計測することで、質の良い睡眠が取れているかどうかを客観的に診断することが可能となり、生活習慣病などの予防に繋がるという。

ここでは具体的な話はできないが、会話の中で、暈課長はいささか唐突に「美容整形手術」ということを口に出している。これは、彼が個人的にこの分野に関心と期待を寄せていることも関係しているようだ。

「医療という領域に入れてしまっていいものかどうかわかりませんが、これからビジネスチャンスがあるのは美容の分野ではないかと思っております。なぜかと言えば……病気を治すという医療は、『マイナスからゼロに移動する』行為であるといえます。

一方、ヘルスケアについて言えば、これは数値を調べることで『現在の位置を測定する』行為です。測定した結果を見るだけですから、本人の位置は現在地から移動していません。それに対して、美容というのは『ゼロからプラスに移動する』行為ではないかと思うわけです。『美しくなった』ということは、現在地から位置が移動した、ということです。この、位置が移動するところにビジネスチャンスがある。そこが面白いのではないでしょうか、と。無論、会社としての見解は別にあると思いますが、少なくとも私はそう思っています」

暈課長はあくまで、個人的な考えであると念を押しているが、そもそも、現在の医療・ヘルスケア分野の出発点となったのは、前述した通り、２０１１年に彼が展示会に参加したことである。いわば、個人の思いつきに端を発して、帝国通信工業の営業部内に医療領域グループが発足するまでになった事実を踏まえれば、会社の今後の動向ともまんざら無関係ではないかもしれない。

なお——もともと医療・ヘルスケア分野というのは、帝国通信工業にとっては無縁の業界であったこともあり、個々の案件においても、思いがけないトラブルや不測のアクシデントが起きることは避けられなかった。中には、致命的でこそないものの、捉えようによっては重大な問題もあったという。

だが、そんなときにも、帝国通信工業が長年培ってきた企業風土が大いにものを言うことになった。

例えば——ある製品の納入が始まった頃、出荷した製品の一部にある不具合が見つかったという事故があった。

このとき、帝国通信工業は直ちに事故調査に乗り出し、顧客に対しては、詳細かつ抜本的な事故の「対策書」をまとめて提出した。

この対策書が提出されたのは、事故の発生から3日後のことであった。

これには、顧客先の担当者も大いに驚き、対策書を持参した量課長にこう言ったという。

「御社はいつもこうなのですか？」

「はい。対策書が遅くなりまして、申し訳ありません」

量課長が神妙にそう答えると、担当者は慌てたように「いえ、そうじゃなくて」と言った。

「今まで、いろいろな会社と取引してきましたが、こんなに短期間で、こんなにしっかりした対策書を提出してきたのは、御社が初めてですよ！」

事故などは無論、ないに越したことはない。だが、災い転じて福——というべきか、この対策書の迅速な提出により、帝国通信工業は事故以前よりもかえって顧客の信頼を獲得することができたようだ。それ以降、その顧客からは様々な案件についての発注や相談を受けるようになったという。

計測機器の小型化を実現するアッセンブリー技術

アッセンブリー（assembly）とは、製造業界においては「組み立て作業」のことを指す。大量生産工場などにおけるライン上での作業も組み立て工程に含まれるため、企業によってはライン作業全般をアッセンブリーと呼ぶこともある。帝国通信工業の場合、創業以来磨き上げてきた様々な要素技術を組み合わせた自社一貫生産体制による高度なアッセンブリーを確立しており、これが強みの一つとなっている。

また、小型化・薄型化・軽量化については、序章から再三触れているように帝国通信工業が伝統的に取り組んできた得意分野であるが、ここにもアッセンブリー技術が随所に活かされている。

例えば、前述のスクリーン印刷技術を用いた「スルーホール印刷」や「積層印刷」によって電子回路を形成することは、製品の小型化に大きく貢献しているが、部品の小型化・高集積化に伴い、組み立ての精度もより一層の向上が求められることになる。また、フィルムの特徴である「薄く」「軽く」「柔らかい」などの特性と樹脂成型を融合させることで、薄型化・軽量化はもとより、曲面意匠など様々な形状にも対応できるようになっているが、これも組み立て作業の内製化を含めた自社一貫生産の賜物《たまもの》であるといえる。

さらに、高付加価値化と共に利益率の向上にもつながるユニット化についても、自社で部品実装や製品組み立てを行うことで、複数の機能を併せもつ「複合電子部品ユニット」として供給することが可能となっているのだ。

これらの強みの中で、医療・ヘルスケア分野で最も効果を発揮したものは何か、暈課長に尋ねてみた。

「やはり、自社一貫生産だと思います。一つのものを作るのに、例えば『設計』、『印刷』、『成型』、『プレス』、『アッセンブリー』といった工程がありますが、各専門業者と個別に打ち合わせをしなければならないこともあります。その点、我われ帝国通信工業であれば、設計・製造・印刷・梱包・出荷検査・製品保証に至るまですべて1社のワンストップで製品を提供することができます。これはなにも、医療・ヘルスケア分野に限った話ではありませんが、お客さまからは『ありがたい』とお褒めの言葉をいただいております」

以前、暈課長がある会社を訪問したときに、先方の担当者からこんなことを言われたという。

「役者は少ないほうがいい――」

この会社では以前、同じ製品を競合他社に発注していた。だが、そこは小さなプリント基板メーカーであり、その製品を作るために、薬剤を溶かすメーカー、打ち抜きをするメーカー、貼り物をするメーカーなどが関わっていた。このため、実験してよい結果が出なかったときにも、原因がどこにあるのかを特定できずに難儀したという。そういうことがあった後に帝国通信工業と取引することになって、担当者はあまりの差に驚いていたらしい。うまくいかなかったときでも、どこが悪かったのか詳しく調査し、ただちに対策を立てて実行したり、改善することができる。こうした環境にあるため、当初納入していたものに比べ、後に納入されるようになった製品では3倍以上の性能を発揮できるようになったという。

現在、医療・ヘルスケア分野を取り巻く状況は、医療の高度化というテーマにおいては、例えば「遺伝子治療」や「再生医療」などの、いわゆる「治す医療」の高度化が進んでいる。帝国通信工業でも当然、これらの医療機器メーカーに対して電子部品などの提供を行っている。だが、それ以上に力を入れているのが、いわゆる「支える医療」であるという。

POCT（Point of Care Testing／簡易迅速検査）という言葉がある。これは「被験者のかたわらでリアルタイムに医療従事者が実施し、診断・治療に有益な情報を得る検査」を意味する。従来の医療では、採血や検便・検尿などによって採取した検体や、場合によっては患者自身を病院外部の専門機関に移送して検査を行っていた。これに対して、患者や検体を動かすのではなく、医療従事者が自在に動いて検査を行い、患者中心の医療提供に繋げるという取り組みである。

このためには、臨床検査に求められる「いつでも、どこでも、速く」を実現するためのＰＯＣＴ機器の進歩が必須となる。臨床検査に手間取れば、それだけ医療従事者にかかる負担が大きくなり、例えばコロナ禍のようなパンデミックの際には医療崩壊を招きかねないリスクもあるからだ。

もう一つ、「予防医療」あるいは「健康医療」という考え方があり、こちらは病気になる前に日常的な健康管理を行うことによって、発病するリスク、仮に発病しても重症化するリスクを低減しようという取り組みである。さらに、オンラインを利用した在宅診療なども本格化しつつある。

帝国通信工業では、これらの「支える医療」の高度化に力を入れることで、医療の簡便化、医療現場の負荷の軽減に取り組んでいるという。その一環として、ＰＯＣＴ機器に関連した製品の開発・提供があり、特に生体電気のモニタリングにおいては、帝国通信工業のもつ技術に対する引き合いも増えてきているという。

「当社は２０２４（令和６）年１月末の『WELL-BEING TECHNOLOGY 2024』および４月の『Medtec Japan』という展示会にそれぞれ医療・ヘルスケア領域の各種センシングデバイスを出展しましたが、その中に、ＰＯＣＴ機器の一つである電気化学センサで、センサ部に尿をかけると、ナトリウムとカリウムの比率がわかるという製品がありました。例えば、ナトリウムが強く出れば、塩分の採り過ぎであることがわかります。これはあるスタートアップ企業さんの製品で、当社のホームページを見て連絡をいただき、このセンサ部の開発を委託されました。ここに回路を印刷して、薬品を塗布して乾燥させて作っています」

本章の最初で述べたように、帝国通信工業にとって医療・ヘルスケア分野というのは比較的近年、新たに参入した事業領域である。暈課長によれば、当時の帝国通信工業は、AV機器や家電、車載などが主力製品で、社内でもそちらにどんどん人を送り込んでいた。それもあって、未開拓の分野には目が向いていなかったという。

暈課長は当時の上司から個人のテーマとして、「『新しいこと』を何でもいいから見つけてきなさい」という命令を受けていた。営業部内には特に「特販課」という新しい部署を設け、そこでは既存の顧客は一切与えられなかった。そんな状況だったからこそ、暈課長は何か手がかりになりそうなことを探して、展示会などへもどんどん参加していたのであった。

そして、2024年現在——医療・ヘルスケア分野の年間売上は、帝国通信工業全体の4~5%を占めるまでになった。まだまだ発展途上であり、先行きのことはわからないものの、さらなる成長が期待されている。

Medtec Japan 2024

第6章

生産現場の革新と効率化に挑む帝通の技術

常に生産革新に取り組んできた帝国通信工業

創業以来、80年間に及ぶ帝国通信工業の歴史は、その時代ごとの主要品目である様々な製品の生産技術の革新に取り組んできた歴史でもある。

言うまでもなく、新しい製品を開発するには、長い研究開発期間と果てしないトライ&エラーの積み重ねを要する。それ自体は必要不可欠なことであるが、開発の段階を過ぎれば、後は均一の品質を有する製品を大量生産していくという段階に突入する。この量産段階においては、作業の効率化・自動化・省力化を推進し、可能な限り生産コストを低減して利益率の最大化に取り組まなければならない。

2007（平成19）年に生産技術部長に就任して以来、執行役員・取締役上席執行役員として様々な業務を兼務しつつ、生産技術部門のトップとして同社の生産技術革新に一貫して携わってきた羽生満寿夫現・代表取締役社長は言う。

「私が入社した1977（昭和52）年当時、当社は川崎工場と赤穂工場を中心に可変抵抗器の大量生産を行なっていた時代でした。当時はベルトコンベアを前にして作業員がずらっと並び、約3秒ほどのタクト（一つの製品を製造するのに必要な作業時間）で組立作業を行っていました」

この時代の生産ラインはマンパワーに頼った単純作業が中心であり、作業員は若手の女性を主力として、流れ作業で生産していた。これは大量生産には向いている方式であったが、時代の変化とともに、やがて生産品目はユニット化・ブロック化された複合製品の受注が増え、受注内容も多品種少ロットに変化したことにより、作業員一人ひとりが携わる作業工程が増え、作業内容も複雑化したことにより、一人の作業員が受け持つ作業時間も長くなり、求められる技術レベルも高度化した。

こうした作業環境の変化を受けて、生産ラインも見直しの必要に迫られた。その結果、座り作業から立ち作業への転換が図られるとともに、ベルトコンベア式の作業台を撤去し、必要なスペースを確保した、小型作業台に変更した。その新たな作業台で作業員は決められた複数の作業を行ない、次の作業へ製品を移動させていく……という方式に変わっていった。

こうした生産方式を一般に「セル生産」と言う。セルとはｃｅｌ、すなわち細胞を意味し、製造工程を独立した単位に分割して作業者を配置した作業台を細胞に見立てそう呼んでいる。ちなみに、帝国通信工業では、自社独自のセル生産ラインという意味で、「NOBLE Cel Line」略して「ＮＣＬ」と社内呼称されることもある。

２０００（平成12）年前後の同社工場は、旧来の生産ラインからＮＣＬ生産ラインへ

ＮＣＬ座り作業

と移行する過渡期であり、生産ラインも立ち作業と座り作業の作業員が混在したが、この過程において作業員の人数は必要最小限となった。それからしばらくして、多品種小ロット製品を製造する工場からベルトコンベアが撤廃された。

羽生社長は言う。

「構造が比較的単純な可変抵抗器の大量生産の時代から、抵抗器をコアとするユニット化、あるいはブロック化された製品の多品種小ロット生産が主流の時代となりました。これにより、当社においては付加価値が高くなることで売り上げの拡大につながり、客先においては組立工程全体の合理化によるメリットがあるはずです」

コスト面では、作業員数の削減による人件費の圧縮にもつながっている。従来は1本のベルトコンベアの流れる作業台に多くの作業員が必要だったが、生産ラインの転換後は、生産数に合わせた生産タクトで、作業員数も必要最小限となった。

「生産ラインをNCLに転換することで、作業員には多能工であることが求められるようになりました。単純作業から多行程持ちの作業になったことで、作業が習熟するまでの作業指導や技術承継の難易度は上がりましたが、個々の作業員の創造性やモチベーションの向上につながっていると思います」

確かに、多品種少量生産の場合、生産品目の変更に柔軟に対応する必要があり、ま

NCL立ち作業

た、需要の変動などによる生産量の変化に合わせてセル単位での稼働調整も必要になってくる。機械の一部のように淡々と単純作業をこなしていくのに比べて、自ら頭を使って「モノをつくっていく」ことには達成感もあり、仕事のやりがいも大きく違ってくるだろう。

ここまでの変化は段階的に進められ、2007年頃には全工場がNCLへの転換をほぼ完了した。だが、帝国通信工業の生産革新の取り組みはここからが本番であった。

自動化生産の実現に向けたさらなる革新の取り組み

生産ラインの転換に続いて、帝国通信工業では「生産の完全自動化」というテーマに取り組んでいくことになる。この背景には、全世界的な賃金水準上昇の動きがあった。

前述したように、1977年当時の工場では、男性に比べて賃金水準の低い若い女性が作業員の中心であった。その後、男女雇用機会均等法の施行や国内の最低賃金上昇などの影響により、生産拠点をアジア諸国など海外へ移転する動きが活発化した。また、国内の生産拠点においても、外国人労働者の雇用などが盛んに行なわれていた。当時の日本の著しい経済成長がそれを可能としており、自国で働くよりもはるかに高い賃金に魅力を感じて、積極的に日本へやってくる出稼ぎ労働者が増えていたからだ。

だが、バブル崩壊後の数十年に及んだ日本の景気低迷と、その間のアジア諸国の経済成長により、今や情勢は逆転した。中国や韓国はもとより、インドやベトナム、タイなどのアジア諸国では賃金水準が上昇し、海外進出のメリットの一つであった「日本よりも低賃金で労働力を確保できる」という側面は失われて久しい。

その一方で、国内では少子化による労働人口の減少が続いている。

生産の自動化による工場の省人化は、もはや待ったなしの喫緊の課題であった。

しかし、帝国通信工業における自動化の取り組みは、一筋縄ではいかなかった。羽生社長は言う。

「実現する上での技術的な難しさもさることながら、そもそも、多品種小ロット生産という生産体制と、生産の自動化というのは相反するテーマであり、両立させるのが難しいのです」

例えば、ある特定の製品を自動化する目的で専用の生産設備をつくるのであれば、技術的にも十分可能であるかもしれない。だが、その製品の需要がいつまで続くかわからない。生産終了となった場合、せっかく少なからぬ予算と時間をかけて構築した自動化ラインは、他の用途に転換することができず、無用の長物になってしまう。それではあまりにも無駄が多い。しかも、需要がいつまで続くかという正確な市場予測は極めて困難である。

そこで、構築するラインにはある程度の汎用性を持たせることで、一つの製品の生産が終了しても、別の製品の生産に転換できるような設計を考えることにしたのだが、これが非常に難問であったと羽生社長は言う。

「人の手であればいくらでも柔軟な対応ができますが、自動化してしまうと融通が利きませんから、生産品目が切り替われば、新しいラインを一から立ち上げる必要がありま す。少しでも『安く』『早く』次のラインを立ち上げるためには、汎用化とともに標準化ということが求められます。生産ラインのコストを低減するため、生産技術の設計者は皆、知恵を絞って取り組みました」

この取り組みが始まったのが、２０１６（平成28）年のことであった。

帝国通信工業では、第2代代表取締役社長・菊池國雄の時代（１９５６〜１９８２年）に「すべてのモノづくりを自社内で完結させる」との方針から、社内に生産技術課という部署を設置していた。これは当時、菊池社長の定めた「帝通理念」（P24参照）にある「生産技術を担当する者は、よく製造現場を見極め、最小の費用をもって最大の効果を修めることを宗とすべし」という考え方が、その後もずっと受け継がれてきたた

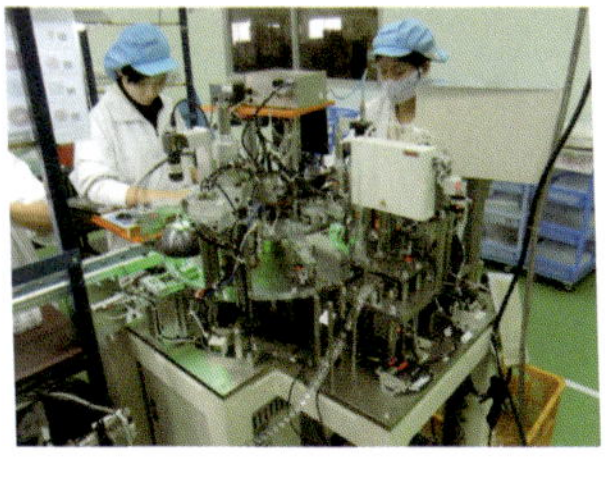

省人化ライン

めである。羽生社長は言う。

「それ（帝通理念）が受け継がれてきたということは、『自分たちの製品をつくるためには、やはり自社内の生産技術で』という基本方針が貫かれてきた、ということだと思います」

ＮＣＬ生産ラインに切り替えた段階で、例えば、物と物を組み合わせる際に「圧力を加えて樹脂を潰し、一体化する」というような工程があるが、こうした工程は当初から機械化されていた。手作業では作業員の疲労度も大きく、製品の品質にもバラつきが出るからだ。この時点では、ある部分は手作業で、またある部分は機械で行なうことで省人化・効率化は進展しているが、まだ自動化という段階には至っていない。この次のステップが、生産技術室だけでは到達できない自動化に向けた取り組みということになる。

自動化するためには、まず、各部品を組み合わせる順番に整列しておく必要がある。そこで、生産技術室から開発部製品設計室に対して、製品設計の見直しを要求することになった。整列してスムーズに組み立てていくために、個々の部品単位の形状の見直しや寸法の見直しを求めたのである。

無論、漠然と「見直してくれ」と要求したのではなく、具体的に詳細なデータを数値で提示した上で、それが可能かどうか、生産技術室と開発部の製品設計室が意見を交換

自動化ライン

しつつ調整していくことになる。「この形状では方向が決まらない」「この寸法でなければ機械化しても組立ができない」等々、侃々諤々《かんかんがくがく》のディスカッションを経て、部品の形状や寸法を変更していった。

その一方で、個々の部品においては特定の製品のみに特化したものではなく、他の製品でも使用可能なように標準化していくことも進められた。例えば、「Aという製品にはaという形状・寸法の部品」「Bという製品にはbという形状・寸法の部品」という具合に仕様がバラバラだと、そのたびに生産設備を変更していかなければならず、コストが嵩むためだ。

こうした生産技術室のある意味当然の要求に対して、製品設計室のほうにもできることとできないことがある。製品設計室の言い分は、例えばこうだ。

「この製品の性能を最大限引き出すことを考えて、こういう形状・寸法の部品にしているんだ。この製品設計のポイントだから、そこは変えられない」

これはこれで、もっともな主張である。それぞれ立場が対立する中で、双方が意見を出し合い、しかるべき妥協点を見出していく。そのくり返しである。

こうした社内の話し合いを通じて、製品性能は落とさず、なおかつ、より効率的な組立作業が行えるように、製品設計室では部品の形状・寸法を改良し、標準化を推進している。

これと同時並行して、生産技術室では、もう一つの課題である生産設備の汎用化に取り組んでいる。生産品目の変更に合わせて、製品ごとに生産設備を交換する必要があるが、この設備交換にかかる段取り替え時間を短縮し、可能な限り速やかに生産ラインの変更を完了しなければならない。こちらも一朝一夕に実現できることではなく、今後の展開も含めて、現在進行形で進められている。

設備製作費の低減をきっかけとした国内と海外の取り組み

生産革新というテーマにおいては、利益率を最大化するために、大きな流れとしての構造変革にも取り組んでいかなければならない。

従来の流れとしては、「国内で設計・製作した生産設備を海外工場へ輸出し、海外工場でその生産設備を使って製品を大量生産する」という構造が採られてきた。序章で述べているように、1980年代後半から、そういう時代がしばらく続いてきた。

しかし、海外工場の立場から見ると、同じグループ会社とはいえ、いつまでもコストの高い日本製の機械を輸入していたのでは、徒《いたずら》に設備製作費が嵩むことになる。海外工場は設備製作費を低減するために、少しでもコストを抑えて生産設備をつくれるように構造変革に着手することにした。

そこで、生産設備については、図面設計までは国内で行ない、それ以降は部品調達から組立調整まで、すべて海外工場で行なうという方式に変更することになった。

これにより、海外工場にとっては、生産設備を低価格でつくり、その後もセルフメンテナンスを行なうことで長く維持管理できるというメリットが得られる。そのために現地エンジニアの教育も実施し、2024（令和6）年現在、すべての海外工場がこの方式を採用している。羽生社長は言う。

「いわゆる〝大型〟の生産設備を海外で自社設計させるにはまだ技術的に不安もあります。従って国内で設計し、製作は現地で行っていますが、いずれ海外工場が力をつけてくれれば、必要な設備はすべて現地で設計から製作まで行ない、その設備で製品を量産していくところまで持っていきたいと考えております」

帝国通信工業の生産設備は、生産技術部門と開発部門、さらに部品をつくる金型技術、そして生産工場という各部門が一体となり、一致団結して取り組んでいかなければ、生産革新は実現できない。これは、単に帝国通信工業という一企業のためだけでなく、この日本という国の将来のためにも必要になってくるのではないか、と羽生社長は語る。

このように生産ラインの立上げには、各部門との調整や連携により完成するが、量産開始までのプロセスには、製品の納入先である顧客による監査も受けなければならない。工場に設置された生産ラインで作られる製品の品質保証を得るためだ。量産開始前に顧客が工場へ足を運び、生産ラインをチェックして、「品質は安定しているか?」や「工程管理は正しくなされているか?」「品質保証体制は確立されているか?」等々の厳格なチェックを受け、顧客の承認を得てようやく量産にゴーサインが出される。

完成した製品の確認は当然だが、決められた日程で生産ラインを設置し、監査を受けなければ量産開始ができないからだ。

顧客による監査では、完成した製品を手に取って確認されることになる。当然、その場で指摘を受けることもある。指摘した問題点について「明日の朝までに改善しておいてください」と言われる事もある。この時は徹夜で対応しなければならないことも実際にあったという。次の日、顧客が再訪するまでの間に、指摘された点はすべて解決しなければスケジュールに遅れが出てしまいかねない。「生産技術というのは、そういうものなのかもしれません」

羽生社長は苦笑交じりにそう口にしたが、表情を引き締めて言葉を続けた。

「お客様から生産ラインのご承認をいただき、量産開始となりますが、引き続き工場と生産技術が連携し、更なる生産効率アップに向けて『改善』『改良』『改革』を進めています。これは、当社のみならず、製造業の永遠のテーマであると思います」

ここで、実際に海外工場へ赴任し、現地での生産革新の推進に直接携わってきた社員たちの声を聞いてみよう。

まずは、生産技術室室長の平良智嗣である。平良室長は過去2度に渡る長期の海外赴任のほか、短期の出張も含めて豊富な海外経験を持つ。

「過去2度の海外赴任でトータル4年間、このほかにも出張ベースでアジア諸国にある関連工場へ何度も行ってましたが、どこの国へ行っても苦労したのが『言葉の壁』でした。現地のスタッフから直接話を聞く上で、情報の精度が高いと、業務効率も当然、上がります。個人的に思っていたのが、『数字は世界共通』であり、機械のマシン語と言いますか、プログラム言語も種類はいろいろあるものの、これも世界共通言語ということです。これらを交えた形で会話ができれば、情報精度が高まり、業務効率の改善につながると考えていました」

平良室長はその後、2014年頃からに普及しつつあった製造IoT（Internet of Things）について、海外赴任経験を生かして研究するようになったという。

「言葉だけのコミュニケーションでは、伝え方や聴き取り方次第で、間違った判断をし

てしまうことが少なくありません。ただ、近年ではかなり減ってきたのではないかと、業務を進める中で実感としてあります。そういう意味では、海外で苦労した経験が生かされてきていると思いますが、新しい取り組みを進める上で当然新たな課題が出てきており、これらの解決に向けて対応していかないといけません。周辺の技術はどんどん進化していきますが、最先端を追いかけるのではなく、足元を確かめながらついていくような形で、今後も業務に取り組んでいきたいと思っております」

続いて、生産技術室生産技術課課長の内山誉。2000年に入社した内山課長は、2005年から4年間、生産技術課として中国に赴任した。

「私が行った頃の中国工場はまだ手探り状態で、規模も小さかったのですが、当時本社で生産技術を統括されていた人から『生産技術のトップとしてやってもらう』と言われ、プレッシャーで胃が痛くなったのを覚えています。行ってみると、現地スタッフのエンジニアの技術レベルは私も含めてまだまだ低く、その中でお互いに切磋琢磨しながら業務をこなしていきました。赴任して2年目に中国工場の社長が交代し、生産技術の経験者が新社長に就きました。それから、新社長の指導を受けながら今まで経験のない現地での生産設備の製作が始まりました」

当時の中国工場はその後閉鎖されたが、現在、中国の淮安工場で現地の生産技術のトップとして活躍しているのは内山課長が赴任当時に一緒に働いていた現地スタッフであり、それを知って内山課長はとてもうれしく思ったという。

「今はもう、かなりのところを彼らだけの力でできるようになっています。私はその礎を築くことができたのではないかと思っています。海外工場全体として考えると、まだまだ日本からの支援は必要だと思いますが、各拠点ともかなりのレベルアップしてきています。社長のおっしゃるローカライズ、つまり設備を現地のエンジニアが現地で設計して現地で組み立てられるようになるために、我われも一致団結して推進していきます」

次に、生産技術室生産技術課主査の山賀賢一。山賀主査はタイと中国に赴任経験があり、現地で生産技術のことをいろいろ勉強してきたという。

「私がタイに赴任したタイミングとしては、ちょうどＮＣＬ生産ラインの導入による『座り作業から立ち作業へ』の移行期に当たります。赴任先の工場には当時、約２４００名の作業員が働いていましたが、座って仕事をしている人と立って仕事をしている人が混在していて、当時の現地社長は『立ち作業の人は休憩時間を延長する』などの対応をしていました。多品種少量生産のためお客さまの監査も頻繁で、立ち上げ期間も短い

ものが多く、『明日までにこの問題を解決しておきなさい』などと言われることも珍しくありません。徹夜作業……というほどではなくても、日付が変わるまで残業していくということもしばしばありました」

そう言いつつも、当時を語る山賀主査の表情はどこか懐かしげだ。

「その頃、私はまだ20代前半でしたが、一緒に働いていた現地のエンジニアも若い人が多く、よく夜中まで対応作業に付き合ってくれました。彼らとはプライベートでも食事をしたり、遊びに行ったりしたこともありました。

また、中国に赴任した時期は、ちょうど自動化に向けた移行期でしたが、機械が頻繁にエラーで停止して、稼働している時間のほうが短かったくらいでした。その為、生産数の兼ね合いで徹夜作業になったりすることもあり、これもけっこう大変でしたね。とはいえ、やっていくうちに少しずつ改善されて、止まらずに動き続けるようになってきました。今後は、『官能検査』(=人間の五感を用いて製品の品質を判定する検査)を自動化するという、さらに難しい問題にも取り組んでいかなければならない為、ますます厳しい状況にあると認識しています」

もう一人、生産技術室生産技術課主任の小川岳彦。小川主任は2010年から2年間タイへ赴任している。

「私は生産技術としての経験がまだ浅い時期に、またタイ語もよくわからない状態での赴任だったため、現地のスタッフとは英語を交え何とかコミュニケーションを取りながら仕事をしていました。

ちょうど生産設備の自動化に向けて新しい機械がどんどん入ってきた頃で、導入当初は生産ラインで設備の不具合が発生するたびに現地スタッフといろいろ相談し協力しながら設備を復旧させて生産に間に合わせていました。それらのことが私にとっては非常に大変ではありましたが、とても良い経験をさせて頂いたと思っています」

「最近では、工場内の課題について簡単な設備であれば、徐々に設計から組立まで現地で行なうようになってきています。先日、出張した際には当時一緒に仕事をしていたエンジニアから電気設計の制御の部分について相談を受けました。制御データを見せてもらうと安全面に対する部分がもう少し欲しいなと感じました。この部分は設備の動作に直接は関係していませんが、とても大切な要素だと考えております。

そういった部分も含めて私自身、まだまだ経験が必要だと感じており、一緒に勉強しながらもっと実践経験を積み、彼らと知識を共有していきたいと考えております」

コア技術を軸とした一貫生産こそ帝国通信工業の強み

設計から品質保証まで、社内で一貫生産できることこそ、帝国通信工業の最大の強みであると、羽生社長は強調する。

「なぜかと言えば、お客さまのご要望に合わせて性能を維持できる製品づくりのためには、製品設計から部品製作、各部品の組み立て、さらに電気検査や外観検査などを行ない、製品の品質保証までした上で出荷する。最初から最後まで、すべて自前で行なっているということが、当社の最大の強みだと私は思っております」

例えば、同社のコア技術である「スクリーン印刷によるフィルムベースの電極シート」にしても、これに用いられるカーボンインクの研究開発や、基板のレジスト処理技術……等々にしても、すべては社内一貫生産を可能とするための技術である。

だが、これら一連の技術で製品を一貫生産していくには、すべての場面で生産技術が関与しなければ成り立たない。「材料費削減」などのコストダウン施策も、「寸法・形状の変更」「部品の標準化」などの設計変更も……会社の利益を上げるためのこれらの役回りは、すべて生産技術の仕事である。それ故に、赤穂工場を始め、グループ会社を含めた全国のすべての製造拠点に、生産技術の部隊が常駐している。工場の規模等によって人数はまちまちだが、1拠点につき、数名から数十名に及ぶ。

海外拠点も同様であり、台湾や中国、タイ、ベトナム等の工場にも、それぞれの生産技術の部隊が配属されており、これにより日々の生産は支障なく行なわれている。その上で、生産効率を上げるための様々な取り組みにも挑戦しているのである。

前出の4名を含めて、生産技術部門のメンバーは基本的に海外工場を経験させたいという。その理由を、羽生社長は次のように説明している。

「コロナ禍も落ち着いた現在は、積極的に生産工場へ足を運んでもらっています。菊池國雄第2代社長の『帝通理念』にもあったように、製造現場を知らずに生産技術の仕事はできません。『現場に出向き、日々改善を行なう』ということに取り組んでもらっています」

その具体的な成果としては、例えば、ベトナム工場で実際に設計された部材を集めて組み立て、現地で立ち上げた成型機への自動部品供給機がある。これは、部品を成型機に自動で供給して射出成型を行なうというもので、以前は作業員が作業を行っていたが、現在は完全に自動化ができたという。さらに、生産管理と連動した生産実績数を自動的にカウントできる自動カウンターシステムも設置されている。

この自動部品供給機を導入したことにより、成型工程も作業員数は大幅に削減することができたという。羽生社長は、確信を込めて次のように語っている。

「当然のことですが、投資する以上は費用対効果を考えます。効果のない自動化はやりません。例えば、スイッチの自動組立機という設備は既に存在しますが、完成した人イッチを検査、包装する作業を、以前は作業員が行なっていましたが、現在は完全自動化しています。これは、グループ会社である福井帝通の生産技術課で設計・製作を自社内で作り上げた機械です」

この段階で新たに重要視されているのが、「官能検査」である。前出の山賀主査のコメントの中にも出てくるが、官能検査とは人間の五感を用いて製品の品質を判定する検査である。従来は、この検査だけは人の手に頼らざるを得なかった。また、検査員の育成にも時間がかかるため、これも自動化に向けて取り組んでいる。

官能検査の自動化については、「手触り」「動作荷重」「操作感」といった、人間が実際に手で触れなければ判断できない感触検査を数値化することにより、自動で検査できるシステムを開発したのである。羽生社長は言う。

「電気検査の自動化に続いて、官能検査も『数値化・見える化』することで自動で検査できるようにしていこうという構想です。自動化することで、個々の検査員の感覚の違いによる差もなくなり、品質も安定します」

さらに、工場の人員削減・省人化にも対応することになり、コストダウンにも直結する。

このほか、消耗部品の交換など、定期メンテナンスについても同社独自のＩｏＴ開発を通じて機械の稼働状況がモニタリングできるソフトを開発中であるという。ＩｏＴについては前出の平良室長のコメントにもあったが、これは現状のタクトが何秒で、どのくらいの生産数で不良率はどうなのか、どこのユニットが止まるのか、動作が不安定なのか、ということをリアルタイムに可視化するためのソフトである。

実際に、このソフトを組み込んでいる海外工場もあり、社内のＬＡＮを使ってデータを吸い上げると、例えば、「ベトナム工場のある製品について、生産内容はどういうものので、現在の稼働状態がどうなっているか？」といったことは、現地では既にわかるようになっている。今後の課題としては、日本に居ながらにして全ての生産工場の自動化機械の状態をモニタリングできるように展開していくことだという。

特別
Interview

「承認図部品開発」の実績を活かし、新しい技術革新の時代を切り拓いてほしい

南山大学 経営学部 経営学科 教授 中島裕喜氏

近現代における日本経営史を専攻され、とりわけ戦後日本のエレクトロニクス産業については長年深い関心を寄せて研究してこられた南山大学の中島裕喜教授。2022(令和4)年秋、中島教授は調査協力を求めて帝国通信工業にコンタクトを取っていただいた。当社に着目した理由を教授は次のように語ってくれた。

「私は戦後の日本の産業発展を通して、日本社会への理解を深めようとしてきました。敗戦後の産業の復興、高度経済成長、オイルショックからジャパン・アズ・ナンバー・ワンといわれるようになった1980年代、そして、バブル崩壊後の苦境や産業のグローバル化などについて、マクロの視点ではなくミクロ、すなわち企業活動の動きから捉えたい。それも、財閥系のような大企業ではなく、中小企業こそが日本経済の活力の源泉なのではないか? と、ずっと考えてきました。

一方、完成品メーカーとして消費者の認知度も高い大企業に対して、そこに部品を供給している中小企業は、言ってみれば『黒子』というか、『縁の下の力持ち』のような存在です。そういう企業が、どのような努力を積み重ねて現在に至ったのか、知りたいと思ってきたからです」

中島教授が、まだ大阪大学大学院の院生だった1990年代、学術研究の論文執筆のために、多くの電子部品メーカーに調査依頼の手紙を送ったところ、ほとんどの会社はすげなく断ってきたのだそうだ。

その中で唯一、帝国通信工業は社内報『帝通だより』のバックナンバーの閲覧を許可した上、古い話を根掘り葉掘り聞きたがる、まだ学生だった中島教授に往時の事情に詳しいOBを紹介するなど、至れり尽くせりの対応をしたそうだ。丁寧で誠実な対応は、大学教授として再訪した2022年の調査時にも少しも変わらず、当社が大切にしてきた企業文化なのだろう、と中島教授は感じたという。

「日本のエレクトロニクス産業についての学術研究では、大多数がテレビやIT機器などの完成品か、または巨額の資金を投じる半導体の開発・生産などが関心の中心にあるようです。

それはそれで意義ある研究なのでしょうが、私はあまり関心がありません。90年代当時、電子部品に言及した論文は、ジャーナリスティックなものも含めて、ほとんど書かれていなかったと思います」

中島教授が自身の博士論文である「戦後日本における電子部品産業の発展－市販品部品生産を中心に－」（2003年10月）を執筆するに当たり、帝国通信工業の存在は極めて大きかったという。

「帝国通信工業は、戦中・戦後の日本の産業のダイナミックな展開を体現するような存在であると思います。同社が部品をどのように開発し、生産していたのかを知ることは、卑近な経営の成功事例や実践事例などにとどまらない、戦後日本社会を知る手掛かりになると思っております」

中島教授が研究活動を通じて、帝国通信工業を高く評価している点はどこか、訊ねてみた。

「経営手法として一貫していると感じたのは、帝国通信工業が顧客となる完成品を生産する企業の開発動向に非常に敏感に反応し、それに先んじて部品開発を行っていること、そこから生まれたアイデアによって技術革新が起こっていることだと思います。

一般にもよく知られている電子機器の技術革新の背景に帝国通信工業の部品開発があったことを知り、大いに驚かされました。これは学術用語で『承認図部品開発』と呼ばれるもので、完成品を生産する企業と部品を生産する企業が長期にわたって相対的な関係を築くことで可能となる経営の在り方です。この『承認図部品開発』において、帝国通信工業は間違いなく、日本を代表する優れた成果を挙げてきた企業だと言えます。

もう一つ、自前主義を貫いている点も素晴らしいと思います。外部からの購買・調達に任せることなく、自ら開発することで、顧客が求める水準の製品品質を良く理解し、生産の効率化を図ることが可能になっています。その意味で、短期的な利益の追求ではなく、長期的な視点から自社の能力を高めようとする経営姿勢があるのだろうと感じております」

現在、電子部品業界は次第に企業規模の格差が開きつつある。世界中に販売網を持ち、売上規模1兆円を超える「グローバルサプライヤー」が複数ある一方で、中小規模あるいは小規模ながら高い利益率を達成している部品メーカーも存在する。電子部品産業の在り方は多様である。

「日本という小さな国のなかに、これほど多様な企業がひしめき合っているわけですから、これは電子部品産業の強さを保つ上で大事なことではないかと思います。かつて、日本の電子部品産業では、多くの部品メーカーが集まって新技術を共同開発したり新規格を考案したりしてきました。こうした活動から生まれる産業発展のエネルギーは現在でも重要なものだと思います」

中島教授の指摘する電子部品業界の産業構造は、かつて国内の大手エレクトロニクス企業がグローバル展開していった際に、多くの電子部品メーカーが大手との共存共栄という形で発展していった歴史を指す。

前述した『承認図部品開発』などはまさにその典型的な特徴と言えるだろう。だが、こうした産業構造はすでに過去のものとなり、帝国通信工業もまた、従来の歴史の流れから脱却し、新分野への飛躍が求められる時期に入ってきたのではないか、というのが中島教授の見解だ。その上で、これからの帝国通信工業に期待することとして、中島教授は次のように話してくれた。

「その意味で、まさに今、過渡期を迎えているのだと思います。

私は技術についてはまったくの門外漢ですが、やはり、専門技術を徹底的に深掘りすることが大事なのではないかと感じています。

いたずらに『規模の利益』の追求に走るのではなく、これまでの帝国通信工業の歩みの中で培ってきた『顧客企業のニーズを丁寧に汲み取る能力』を発揮して、それを自前の技術と組み合わせるという原点から離れず、新しい技術革新の時代を切り拓いていってほしいと期待しています」

Column 2

最先端・最先鋭へ挑む人々の肖像②

「堅苦しい社名の割に、社内は柔軟で自由度が高い」ものづくりには理想的な職場環境

開発部 製品設計室 設計二課 主査 末田和弘さんの仕事

2000（平成12）年4月に新卒で帝国通信工業に入社した末田主査は、研修期間を福井帝通の工場で過ごし、研修期間終了後に開発部 製品設計室に配属となった。それから2年後、タイにあるNET（NOBLE ELECTRONICS《THAILAND》CO.,LTD.）へ研修に行くように言われ、1年半にわたって現地へ出向することになった。そして、帰国後は再び設計室に戻り、現在に至っている。

大多数の社員たちと同様に、末田主査も、入社するまで帝国通信工業がどんな会社であるか、知らなかった。ただ、就職活動のときには「設計関係の仕事に就きたい……」

という思いが自分の中にあり、設計職を募集している会社ということで帝国通信工業にエントリーすることを決めたという。

「試験を受けて、最終面接まで進んだのですが、それが終わってすぐ、私が控室へ戻った時に、ある面接官の方が『気に入った』とおっしゃっていたことを伝えられ、その場で採用が決まったと聞いています。最終面接のとき、私はすごく緊張していたんですが、とても印象に残っている質問があって、それが『設計の中で大事なものは何だと思う？』というものでした」

末田主査は「1．機械設計および設備設計」「2．製品開発設計」「3．金型設計」の三つの設計についてそれぞれ答えるように問われ、その当時考えていたことを全部そのまま口にしたという。結論的には「全部が大事。それぞれ甲乙付け難《がた》い」という感じで、末田主査本人は「グダグダになってしまいました」と苦笑するが、あるいはそれが面接官に気に入られたのかもしれない。

入社後の印象を尋ねると、「堅苦しい社名の割に、社内はすごく柔軟で自由度が高い」という答えが返ってきた。自分の考えをある程度そのまま出せるし、それが独りよがりの稚拙な考えでも、頭ごなしに否定されることはない。若手の意見にも耳を傾けてくれるし、発想が良ければ採用してくれることもある……。ものづくりには理想的な職場環境ではないだろうか。末田主査も言う。

「風通しがいいというか、上司に対して意見を言いやすい。もちろん、配属された部署や、上司に恵まれたという部分もありますが、会社全体の企業風土にそういうところがあると思います」

そんな末田主査が設計を手がけた案件で、特に印象に残っているものは何かを聞いてみた。

「タイへ出向する前に設計を担当した、ビデオカメラのある部品なのですが――その後、偶然、タイの私の出向先の工場でこの部品を量産することになりました。そのとき、大きなトラブルが何も発生しなかった……というのが、自分の中ですごい自信になっています。この案件では、ストレートなやり方ではなくひと工夫しなければ成立しないような要求でした。私は自分の考えた構造を成り立たせるために、購入部品の仕様変更要求まで実施しました。それでもトラブルが発生しなかった、というのは――外から見れば当たり前かもしれませんが――とてもすごいことだと自画自賛しています」

末田主査がそう言うのは、この案件においては最初の頃「組み立ての手順を間違えたため、失敗した」という組み立て工場NET（NOBLE ELECTRONICS《THAILAND》CO.,LTD.）からの報告はあったものの、仕様変更を加えた部分が原因となった重大な瑕疵《かし》や不具合は1件も出ていない、ということである。無論、製品そのものへの細かいクレームはいくつかあったものの、「表面に小さな傷がついていた……」というような、設計には責任のないものばかりだったという。このときの自分の仕事ぶりを自己採点すると、100点満点で85点にはなるという。

「これも自画自賛になってしまいますが、仕様変更および構造変更した部分は、今の自分の目から見ても、ものすごく斬新と感じるような案を出せたと思っています」

なお、この当時は、金型に関する知識も不十分だったそうだが、その状態でも金型の製作部門に対して、自分が欲しい部品の形状について正確に交渉することができたことも大きいという。

最後に、将来的にどんな設計者になりたいかについて質問すると、末田主査は次のように語った。

「抽象的な言い方をすると、『発想力の豊かな人間』になりたいです。『この人、発想力のお化けだよ！』とか言われるくらいのレベルに。具体例を挙げると、岡本太郎さんとか、アインシュタインとか……私はそんな天才じゃないけど、せめて発想力はそのくらいになれたら、と思います」

3人の中堅リーダーが力を合わせ、積年の懸案プロジェクトを見事成功に導く

開発部 要素技術開発室 要素技術一課 主任 山田高士さん
開発部 要素技術開発室 要素技術二課 主査 牧野大介さん
開発部 製品設計室 設計一課 主査 趙 雲さん の仕事

開発部の中堅リーダー3人、要素技術一課の山田主任、要素技術二課の牧野主査、そして設計一課の趙主査。この3人がそろって参加したのが、「XCS」のプロジェクトである。これは、カメラのズーム機能に付いている抵抗式センサであり、曲面に沿ってスライドするものだ。

山田主任は2004（平成16）年4月入社。大学の研究室の先輩が帝国通信工業に入社していたこともありエントリーした。「電気は苦手でしたが、要素技術開発の仕事がしたくて入社しました」と語る。工場研修は長野県須坂市の須坂帝通株式会社に1年間であった。

中国出身の趙主査は、山田主任と同期入社で、研修期間中も本社の設計室勤務であっ

た。「面接時に、『中国関係の仕事もある』と聞いていたのですが、入社して20年間、中国関係の仕事をやらせていただいたことはありません」と苦笑するも、職場環境には満足している様子である。

牧野主査は二人より5年先輩の1999（平成11）年4月入社。大学教授より帝国通信を紹介された。面接での技術担当の面接官の話に惹かれたという。福井帝通株式会社のミノワ工場で1年間の研修を受け、研修終了後は要素技術開発室に配属された。

入社以来、これまでやってきた仕事の中でいちばん印象に残っているものを3人に尋ねると、真っ先に名前が挙がったのは予想通りこの製品名だった。「――やはり、XCSですね」。

「いちばん苦労したところは、どうやって性能を満足させるか？　でした。抵抗体を印刷しているカーボンは曲げに弱いし局所での熱の影響も……。曲げについてはどの曲率まで湾曲させていいのか？　の検証や趙さんと構造のやり取りをしました。それと、牧野さんに成型樹脂や成型条件をいろいろトライしてもらいました」

そう言ったのが山田主任である。続いて、牧野主査に話を振り、牧野主査は次のように語った。

「センサ部品なので少しでも電極部にダメージを与えない樹脂材料の流し方や、狙いの

曲率を満足させるような構造検討を3人で何度もシミュレーションし幾度もトライを積み重ねて作り上げてきました」と苦労を語る。

そして、趙主査が話を引き取った。

「フィルムは湾曲した状態でいいものとして、それを金型に量産できるような構造を考えなきゃダメなので、そこはいちばん苦労しました。それぞれ大変な問題がありましたが、お二人のおかげで何とかクリアする目処が立ち、最終的に製品としてまとめることができました」

このXCSの開発プロジェクトは、15年前にスタートした。くしくも開発部3人の協働案件となった。最初の構造を考える苦労、構造を成り立たせる苦労、精度を高めるための苦労、量産化するための苦労……それらは、ものづくりの仕事には付き物の苦労ではあるが、時にはお互いに厳しい要求を突きつけ合うこともあり、ダメ出しをし合うようなこともある。最終的に、市場に出せるレベルの製品として完成させるまでには、筆舌に尽くしがたい苦労の連続であったという。

難関を見事に突破した3人に、それぞれ今後の目標や、後進に伝えたいことを語ってもらった。

山田主任は言う。「将来、自分がこうなりたいという具体的なイメージモデルをもつといいと思います。私の場合は、直属の上司二人。あの人たちに少しでも近づければと思っています」。

趙主査は言う。

「私は、自分の思いが製品になるのは好き、店頭の電気製品や走っているクルマなどを見て、あの製品に使われている部品は自分が設計したものだという思いが、苦しい業務を乗り越える力になり、やり甲斐でもあります。今後も設計者として、誇りに思える製品を設計し続けたいと考えております」

牧野主査は言う。「私はいつまでもものづくりに携わっていたいと思っています。最後の最後まで、ものを触って、ものを作り上げていきたい。今やっている仕事では、我われは素材を買ってきてそれを加工しものを作っているのですが、将来的には、その最初の素材づくりからやってみたいと考えています。バイオマス材料とか、環境に優しい添加剤なども作ってみたいですね。

また、若い方々は世の中の動向に敏感だと思われますのでそれらの情報に常にアンテナを張り、やりたい、作りたいといった気持ちを強くもち、様々なことにチャレンジして会社を盛り上げいっていただければと思っております」

仲が良いだけじゃなく、自分たちと一緒になって、成長の手助けをしてくれる存在がうれしい

開発部 要素技術開発室 要素技術一課 主任 山田高士さん
開発部 要素技術開発室 要素技術一課 小野 智さんの仕事

要素技術一課の小野さんは２０１５（平成27）年４月入社。大学時代、結晶について研究しており、そういった物が電子部品の材料として利用されていることから、電子部品を作っている会社を見ていった。そこで帝国通信工業の技術の先輩社員と話す機会があり、製品の試作から量産立ち上げまで幅広く携わることができ、またやってみたいことに挑戦させてくれることができることを知り、魅力を感じたことが入社の決め手となったと言う。

赤穂工場、本社他部門で１年間研修した後、現在の職場に配属された。なお、小野さんは今回の書籍に登場した社員たちの中で最年少である。

また、山田主任は、「ＸＣＳ」の前節にも登場した開発部の中堅リーダーの一人であり、小野さんが所属しているグループのリーダーとして同席することになった。

小野さんは要素技術開発室の中にあって、「量産に向けた機種の試作」「試作から量産までの立ち上げ」をルーティンとして携わっている他、「新しい素材の評価」「新しい技術の研究・開発」などにも取り組んでいる。その新技術のテーマの一つとして、「電気化学センサ」については、現在、すでに実験や研究も始めているという。

小野さんは言う。

「実際に仕事をしてみて、帝国通信工業は自分で考えたことをいろいろとチャレンジさせてくれます。また、同僚・先輩・上司ついても時には言い合いや、怒られることもありますが、基本的には仲良くいい雰囲気です。まさに志望動機通り。それだけではなく、先輩・上司については自分たちと一緒になって成長の手助けをしてくれる存在だと思っています。何か困ったことがあって、相談すると、いきなり答えを教えてくれるのではなく、一緒に考えてくれて、アドバイスもしてくれて、解決に繋がるヒントもくれます。それはいつも感謝しています。私もそのような存在になるように努力したいと思っています」

小野さんはそう言っているが、彼ら若手社員に対して、上司や先輩はどう接しているのだろうか。山田主任は次のように言っている。

「自分も若い頃は先輩方にいろいろとよくフォローしていただいたので、これを還元しているような感じですね。若手がノビノビできるように……ただ、アドバイスしたりするのも、先輩や上司のほうがもっとうまくできるのにな……と正直へこむこともありますね」

とはいえ、よその会社などでは「若手社員が言われたことしかやらない」と不満をもっている上司も多いと耳にする。それに比べたら、自分でいろいろ考え、あれがやりたいこれがやりたいと積極的に提案してくる小野さんのような若手社員がいる帝国通信工業は、実に恵まれた環境なのではないだろうか。

最後に、入社して9年間の社歴の中で、小野さんの記憶に残る仕事を一つ挙げてもらった。

「私は『ナトリウム - カリウムセンサー』というものです。これは、ヘルスケア関連での開発段階の製品になります。日常的な健康管理というか、日常の食生活が高血圧になりやすいとかなりにくいといった健康状態を調べて確認することができるものです。尿をかけると、20秒くらいでチェックが完了するというセンサなのですが、基板だけだと検出はできないので、電極の上にナトリウムとカリウムを検知する反応物質を塗布しています。作ったのもがきちんとできているかの測定や、塗布の仕方などの製造方法でいろいろ苦労をしているので……」

8年がかりのプロジェクトを成功させたのは、厳しい試験に挑戦し続けた日々

開発部 要素技術開発室 要素技術二課 主査 大井義積さん
開発部 製品設計室 設計一課 主任 塚本哲弥さん　の仕事

要素技術二課の大井主査は1991（平成3）4月の新卒入社である。大学では化学を学び、就職先は化学会社しか考えていなかったという大井主査は、大学時代の恩師から「化学物質は広く世の中にいきわたっているのだから、化学会社だけが化学科の就職先じゃないよ」と言われ、目からうろこの落ちる思いをしたという。この恩師の推薦状で帝国通信工業に入社し、3年目からはずっと現在の部署で抵抗体インクの開発を続けている。スクリーン印刷の技術では他社の追随を許さない帝国通信工業にとって、抵抗体インクの開発は、まさにその中核をなす重要な技術といえるだろう。

「私は主に、樹脂、カーボン粉、溶剤、添加材などのインク材料の組み合わせを変えて、三本ロールミルという機械で、印刷する基材や抵抗体の形状、製品の性能などの用途に合わせたスクリーン印刷に適したインクの研究開発をしております」

なお、入社以来の大井主査の実績として、忘れてはならないのが「銀ペーストの内製化」という仕事である。これは、電極シート用に外部から購入していた銀ペーストが廃番になるとのニュースを受けて、樹脂の選定から銀粉の選定、溶剤の選定を行い、何度も試作を重ねることになった。なお、これについて大井主査は「試作のたびに、工場の方々にご協力いただきました。そのおかげで、今でも使用されるロングセラー商品となりました。本当に、工場の方々には感謝しかありません」と語っている。

一方、設計一課の塚本主任は、2004（平成16）年4月の新卒入社。工学部機械工学科の出身で、就職活動では漠然と設計に関する仕事をしたいと考えていたという。帝国通信工業のことはネットで検索して名前を知り、会社についてはほとんど何の予備知識もないまま受けてみることにしたという。1年間の工場研修後、金型製作課に配属されて約3年間勤めた後、開発部へ異動し、現在の設計一課配属となった。

「金型製作では、デジタルカメラのシャッター、ズーム部のスイッチ周りの部品など、操作系に使われる細かい部品を成型するための金型設計をしていました。開発部へ異動してからは、デジカメやビデオカメラの操作スイッチユニットなどの設計をやらせていただき、そこからは基板関係の仕事をずっとやらせていただいております。あとは、医療系の仕事なども手がけております」

大井主査と塚本主任は、車載用ＰＣＢ基板の開発を協力して製品化した。ここでいうＰＣＢ基板とは、プリント回路版／Printed Circuit Boardのことで、ほとんどの家電製品（テレビ、掃除機、冷蔵庫、洗濯機）や車載製品などの電気回路として使用されている。

今回の製品は部品を実装する前のＰＣＢ基板にスクリーン印刷技術を使って、大井主査の開発したカーボン抵抗体インクを印刷し、ポテンショメータを形成している。塚本主任は、この基板をお客様のユニットに組み込んで各種性能試験を行い、その結果を大井主査含めメンバーに報告し、カーボン抵抗体インクのブラッシュアップを行い続けた。結局、量産に辿り着くまで約8年の歳月を費やしたという。

時間がかかった理由について大井主査は、

「お客様の要求性能が高かったことや切り替えのタイミングなどもあり、また民生用と違い車載の場合、厳しい試験条件をパスするために新規の材料選定（カーボン粉など）、評価を行いつつ、インクの配合による性能試験を繰り返し行ったため当初予定していたよりも時間がかかりました」と述べている。

また、塚本主任は「要求される試験条件が厳しかったことに加え、当社の抵抗体以外の部品は変更することができなかったため、すべての部品にマッチするように当社の抵抗体の開発検証試験を延々とやることになった……という感じです」と原因を分析している。

最終的に8年がかりのプロジェクトになったものの、ＰＣＢは帝国通信工業の製品が採用となり、塚本主任らＰＣＢ関係者は社長賞を受賞することになった。

他部門からの協力を得て、ステークホルダーへの情報提供が成り立つ

経理室 川崎千穂さんの仕事

川崎さんは経理室に配属されて7年目となる。入社したのは2018（平成30）年5月、中途採用だったという。それまで働いていたのは文化系イベントの企画・制作を行う会社であったというから、帝国通信工業とはまったくの異業界である。経理への転職を思い立ち、独学で日商簿記3級を取得したが、帝国通信工業が募集していた条件は「2級以上」。面接では「これから必ず取ります」と意気込み、入社後に無事取得できたという。

「〝帝国〟という社名に少々身構えていましたが、面接官の方々から穏やかな印象を受けたので入社を決めました。実際に中に入ってみると、やはり温厚な人や真面目な人が多いと感じます。先輩へ質問したときもいつも丁寧に説明していただきました。後から『さっきの質問の件で、過去の資料を見つけたんだけど……』と教えに来てくださる方もいて、親切さに驚いた記憶があります。社内のお祭りやイベントでも、どれだけ盛り上がっていても片付けは皆さん率先して動くので撤収がすごく早いんです。メリハリが

あるというか。誰かが重いものを運んでいたら自然と誰かが手伝いに来るような、そんな会社です。当たり前かもしれませんが、そういうところが当社の良いところだと感じています」

経理室への配属後は、売掛金・買掛金の管理業務などに携わりながら経験を積んでいったという。当初は取引先ごとに異なる事務処理や月々のタイムスケジュールを把握するのに苦戦したということだが、次第に他部署からの問い合わせにも対応できるようになっていき、自身の成長を感じられたときはうれしかったそうだ。

そんな川崎さんが特に大変な仕事として挙げるのは、四半期ごとに行われる「監査」への対応業務だという。

「上場企業として、開示する財務諸表や内部統制報告書について監査法人の監査を受ける義務があります。そのため、様々な会計処理について問題がないかどうか、社内のガバナンスが機能しているかといった点について、あらゆる角度から調査を受けます」

近年、企業の情報開示に対する要求水準は年々高まっている。そのため、開示前の情報の精査からその後の監査で「適正」と判断されるまでの、調査項目の種類や件数はかなり多いそうだ。自然、作業量も毎回膨大なものになるという。

「もちろん企業としての法令順守は大前提ですが、不適切な処理をしていなくても、自分たちが行っている処理の正しさを証明する必要があります。監査ではどの取引やどの処理が調査対象になるかはわからないことも多いため、日頃から処理の根拠となる証憑《しょうひょう》や入手した情報を記録に残すことを徹底し、その処理の合理性・正確性を対外的に説明できるようにしておかなければなりません」

しかし帝国通信工業は、国内外に多数の拠点やグループ企業をもっている。どのようにして監査対応を遂行するのだろうか。

「情報も証憑も、他の部署や拠点から入手する必要があります。例えば、営業部門や生産管理部門などから取引情報や入出荷・通関などの証憑・データを提出してもらうよう依頼したり、システム連携で得た国内外のグループ企業の会計データについて、内容の検証をしながら集計を進めたりすることになります。不明点があれば、担当部門や各拠点のバックオフィスに直接問い合わせをすることも多々あります。

経理室総出で分担して事に当たりますが、関係部門への依頼事項もやはり多くなってしまいます。それぞれの関係部門の方々にご協力いただかなくては成り立ちませんので、やりとりを重ねる中で連携を取って進めていくことが重要になります。私が担当しているのは監査対応業務の一部分ではありますが、最終的に社外へ開示される情報の一端を自分が担っている、ということを意識しながら業務に当たっております」

終章

これからも最先端を追い続ける帝通の未来

タッチパネルの台頭と非接触式操作パネルの登場に見る、操作スイッチユニットの深化と進化

ここまで、多くの関係者が証言しているように、創業80年を迎える帝国通信工業は今、様々な意味で変革期の真っただ中にある。２０１９（令和元）年6月に7代目の代表取締役社長に就任した羽生満寿夫は、会社の現状について次のように認識しているという。

「ご存知の通り、スイッチ周りをはじめとする操作ユニットを含めて、押したりまわしたりするメカ的な操作から、近年では、触れたり、指を近づけたりして操作するタッチ式、非接触式などの方式へ移行してきています。これに伴い、電子部品業界も大きく変化している——あるいは変化せざるを得ない——変革の時期を迎えている、と強く感じております。当社もそれに乗り遅れないように、技術革新を土台として『我われにできることは何か?』を考えなければならない時期に来ています。そのためにも、２０２１（令和3）年に策定した中期経営計画の中で掲げている『抵抗器のＮＯＢＬＥから新生ＮＯＢＬＥへの深化と進化』という長期ビジョンに基づき、技術の深化に取り組み、成長をめざして進化していくこと、そしてマーケットの拡大に向けて今も前進している

……というのが現状です」

羽生社長によれば、帝国通信工業は電子部品の製造業として出発した会社であり、製品設計から製造まで一貫して行えることが最大の強みであり、この強みを活かしつつ、抵抗器の技術を基本として、スイッチ周りにしても従来の〝メカ〟としてのスイッチにとらわれず、シートに電子回路や抵抗などを印刷するスクリーン印刷技術をベースとして、非接触型を含めた次世代のスイッチをめざして技術をさらに深め、高めていきながら商品開発に取り組むことにより、ビジネスチャンスを狙っていきたい――羽生社長はそう考えている。

これを受けて、営業部の南部長がまず口火を切った。

「当社の場合、軽・薄・短・小と言いますか、薄型・小型・軽量の製品作りが特長になっています。やはり、この特長を十分に活かした上で〝我われの製品〟を作っていくことが大事なのではないかと思っております」

続いて、取締役上席執行役員の高岡営業統括が言う。

「最近は、スマートフォンにしても、あるいは駅の切符や飲食店の食券などの券売機にしても、軒並みタッチ式の、スイッチを使わない媒体に置き換わっています。そういう流れであることは認めるしかありません。いわゆる、ヒューマン・マシン・インターフェース（Human Machine Interface）がメカニカルな動作を伴うスイッチからタッチ式のスイッチに置き換わってきています。

こうした中、従来の複合部品（ＩＣＢ）や、エレメント技術を応用したタッチスイッチ、非接触センサを内蔵したユニットなど、その変化にも対応するようにしてきています。もう一つは、ヒューマン・マシン・インターフェース以外の部分、すなわち、マシン・トゥ・マシン・インターフェース（Machine To Machine Interface）の領域へシフトしていく、という解が考えられます。例えば、自動車のＨＶＡＣのエアミックスダンパーのセンサなどは、自動車という乗り物がある限り、仮にガソリン車がすべてＥＶ車になったとしても変わらず需要があり続けるでしょう。こうした技術を応用して、さらに範囲を広げ、伸ばしていくというのも一つのやり方ではないかと思っています」

これを受けて、さらに、いわば第三の解として、「すべてのスイッチがタッチ式や非接触型に変わっていくとは限らない……」という可能性を指摘するのは、執行役員開発管掌開発部の藤間昇部長である。というのは、扱う人間の感覚として、いわゆる〝操作感〟を求める傾向が間違いなくあるからだという。藤間部長は言う。

「『タッチ式だと物足りない』とか、『操作している実感がない』とか、そういう感覚というのはあると思うんです。やはり、カチッ、カチッという手応えがあるとか、音が出るとか、何らかの反応があったほうがいい、と思っている人は少なくないと思います。そういう意味で、全部が全部、いきなりタッチ式や非接触型に変わってしまうわけではないんじゃないかと。現に、最近では『ハプティック』（触覚）といって、タッチするとブルッと振動するなどの感覚フィードバックを伴う製品も世の中にはいろいろ出ています。言ってみれば、タッチ式と物理的スイッチのハイブリッドというところでしょうか」

ここ数年のコロナ禍を経て、清潔な手を保ちたいという感覚から非接触型への志向が強まり、様々な製品が開発され、普及してきている。帝国通信工業は、この分野においては後発であるかもしれないが、製造業として長年培ってきた強みも活かして、時代の変化に対応して、商品開発に取り組んでいきたい。――と高岡営業統括は言う。

これに対して、執行役員商品企画部の林直紀部長は次のように述べている。

「技術的な面で補足するとすれば、当社はやはり、印刷技術が中心ですから、そこは今後も積極的に伸ばしていきたいと思っています。その上で、新たなインターフェースの開発ということを考えると、当社のもっている技術だけで非接触型のスイッチを作るというのは非常に困難であると言わざるを得ません。その一方で、非接触型の操作には、光学方式であるとか、いろいろな方式がありますが、世の中にはそういう分野を専門に扱っているメーカーさんがたくさんありますから、そういうところとコラボレーションすることで、当社の印刷技術なども融合させて、一つのモジュールとして提案していくことは十分可能であると考えています。今後、当社が生き残っていく道としては、そこがキーになってくると思います」

コラボレーションについては、すでにいくつかの案件が動いており、共同で作ったサンプルによるデモンストレーションや展示会への出展なども行われている。ただ、直近の状況においては、コロナ禍は収束したとの見解から、導入コストのかかる非接触型への移行にブレーキがかかりつつあり、一時期の急激な需要の高まりは落ち着きはじめているという。林部長は言う。

「そういう意味では、当初思っていたよりも勢いは落ちていますが、今後も音声やジェスチャーなども含めた非接触式やタッチ式、またはそのハイブリッド式など様々な入力インターフェースを意識しながら取り組まなければならないと考えています」

こうして新たな商品開発に取り組む一方で、藤間部長が指摘するように、既存製品に対する需要も根強く続いていくものと考えられる。高岡営業統括は「接触型から非接触型へ、物理スイッチからタッチ式へという大きな潮流はありますが、藤間部長が言うようにハイブリット式も一つの解であるようにインターフェースは、この流れを行き来しながら進化していくと考え、その流れをとらえた適切な提案が必要になると思っていま

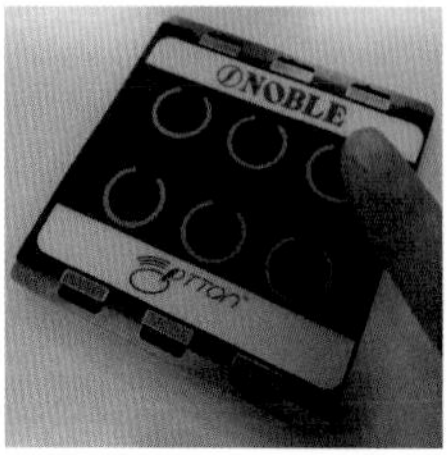

光学式非接触スイッチユニットデモサンプル

す」と語っている。

目先の10年、20年というスパンではなく、もっと先を見ているということだろう。

林部長が言う。

「スマートフォンからガラケーに戻れますか？　と言ったら、戻れないでしょう。それと同じことで、やはり、自動車はいずれ『走るスマホになる』というのが一般的な見解です。事実、物理的なスイッチというのは徐々に減少傾向にあります。でも、その中でセンサという部分、高岡営業統括が言っていたマシン・トゥ・マシン・インターフェース、例えばエアコンのアクチュエーターなどは、自動運転になっても室内を快適に保つために冷暖房は必要ですから、そこの部分でのセンサは残る可能性があり、むしろ、まだ伸びしろがあると思っています」

あらゆる製品の進化に欠かせない電子部品をつくるメーカーとしての使命感

前節の冒頭で羽生社長が言及した帝国通信工業の中期経営計画は、「未来のＮＯＢＬＥを見据えて　５カ年計画」と銘打たれている。その具体的な内容と、そこに込められた思いについて、羽生社長は次のように述べている。

「中期経営計画を策定した当時の投資家向け説明会では、『帝国通信工業って、何をやっている会社？』と質問を受けたり、お客様からは『可変抵抗器のメーカーだね』と言うイメージをもたれていました。それで、帝通をもっと外に広めていかなければと感じました。ちょうどその頃、『センサ』というキーワードをよく耳にしたものですから、『抵抗器の技術を使ってセンサをつくる会社』というイメージに切り替えていこうと……。先ほど申し上げた『抵抗器のNOBLEから新生NOBLEへの深化と進化』という長期ビジョンの中に、そういう思いを込めたわけです。最近ではいろいろなところで『帝通のセンサ』というキーワードが出てくるようになってきたので、策定当時とは少し状況が変わってきました。今では『帝通という会社は、センサも作っているんだな』とわかっていただけるようになりましたし、いろいろな業界からの引き合いも増えて、効果はかなり出てきていると実感しています」

中期経営計画では、「2025年度売上180億円、営業利益17億円」という具体的な数字も発表している。

羽生社長は言う。

「中期経営計画を打ち出すことで『我われはこの先5年間、こういうことに取り組んでいき、2025年にはこうなりましょう』ということを社内外にはっきり明示したわけです。そうすることで、『これから帝通は変わっていくんですよ』ということを改めて全社員と共有するという意味も含めてスタートしました」

だが――折しも、時代はコロナ禍の真っただ中にあった。未曽有の混乱の中で、何ができるのか、何をなすべきかと考えた結果、羽生社長と経営陣は三つのキーワードにたどり着いた。

センサ。

医療。

非接触。

この三つである。羽生社長は開発陣に対して、「この三つのキーワードで商品開発に取り組んでほしい」と依頼した。それが3年前のことである。

それから3年――商品開発では今まさに、この三つのキーワードに基づく商品のうち、いくつかは形になろうとしている。とはいえ、現時点ではまだその多くが開発途上にあり、今後も継続して取り組んでいくことになるという。

羽生社長は言う。

「私が社長に就任したのは2019（令和元）年6月。その半年後には、『中国のほうで何か、病気が流行っている……』と言われるようになり、年が明けるとすぐ世界でも感染者が確認されました。その後はもう、あっという間に日本国内にも広がってしまい、コロナ禍と呼ばれる時代に突入することになります。当社でも、危機管理センターを立ち上げて、『本社だけでも在宅勤務ができないか?』などの議論をすることになりました。お客さまの中でも、大手企業はどんどん在宅勤務に切り替えて行きましたが、当社は製造業ですから自宅ではできない仕事もあることから、2020年の6月から7月にかけては、社内の混乱もピークを迎えました」

当時、社長室に置かれたホワイトボードには、毎日のように更新される情報を書き入れ、危機管理センターのメンバーで共有し、共に悩み、意思決定をしていた——と羽生社長は述懐する。状況を把握するたびに「生産はできるのか?」「納期に間に合うのか?」など、頭を痛める日々が続いた。あるいは、マスクが手に入らないとか、在宅勤務の暫定的な制度をどうすればよいか……などなど。

前述した、商品開発の三つのキーワードは、そんな日々の中から生まれたのである。

なお、開発部門に対してはキーワードの他、従来の「製品性能」の追求だけでなく、「組み立てやすさ」と「コスト意識」を徹底するように指導している。

しかし、これらの要素については、以前から取り組んできた課題でもあるが、中国・東南アジア地域などの人件費が日本より安かった時代には、海外へ進出すればコストダウンを図ることができたからだ。

だが、今やアジア諸国の人件費は高騰しており、また、現地でも少子化が進んで人手不足が懸念されていることから、海外でも自動化を推進している時代である。開発部門への指導は、そういう時代の変化に対応するためだという。

一方、営業部門に対しては、それまであまり接点のなかった医療機器メーカーとの関係づくりを積極的に推進するように指示した。この時点で、医療機器メーカーとのパイプをもっていたのは、第5章に登場した営業部営業5課の暈課長であったが、ここへきてようやく、後の医療領域グループが誕生する土壌が形成されようとしていたのである。

羽生社長は、医療関係の展示会への出展などについても積極的な方針を示したという。

さらに、製造部門に対しては、海外における人件費の高騰を受け、生産設備の自動化を推進すると共に、BCPの観点から、中国の工場で生産している製品を、ベトナムの工場でも生産できるように、各工場の協力の下で立ち上げている。その効果として、各工場の生産技術の向上・工場間のコミュニケーション強化・製造ノウハウの共有で帝通の製造力向上を担っている。

「当社が海外に拠点を展開するようになって60年以上たちますが、まだまだ海外の工場の生産技術力については強化していかなければならないと思います。その点は、今後も根気よく継続して教育していかなければならないでしょう。製造部門だけでなく、開発部門や営業部門も様々な困難が予想されますが、絶対にやり遂げなければならないと考えております」

羽生社長の力強い言葉は、国内・海外の区別なく、帝国通信工業をはじめNOBLEグループに所属する全従業員に向けた宣言である。そして、経営トップである羽生社長以下、開発・営業・製造・業務など各部門が一体となって取り組んでいく原動力となっているのは、あらゆる製品の進化に欠かせない「電子部品をつくるメーカー」としての使命感に違いない。

生産革新に欠かせない部門間の連携は、決して怠ってはならない

改革というものは、どこか一部門だけで行っても効果は薄いものだ。

それぞれ仕事の中身が違うのだから、他部門と同じことをする必要はないが、全社で足並みをそろえて取り組んでいかなければ、期待するような結果は決して得られない。

例えば、前節で述べた開発部門に対する指導（組み立てやすさとコスト意識の徹底）は、製造部門の現状（自動化・省人化の推進）や営業部門からの要望（価格競争力の強

化）とそれぞれ連動している。逆に言えば――開発部門がどんなに魅力的な新商品を開発したとしても、製造部門が合理的なラインを組まなければ量産はできないし、営業部門がしかるべきターゲットに売り込まなければ注文は取れない。部門間の連携が取れていてこそ、新商品が会社に利益をもたらすのである。

羽生社長は言う。

「設計者や生産技術者などの職種の人間は、以前はそれぞれの業務に専念していることが多かったのですが、最近は、林部長の率いる商品企画部と協力して、設計者や生産技術者も『お客さまのところへ行き、生の声を聞く』という取り組みをしています。いろいろな人に出会って、世の中を知って、そこで得た知識や知見を、自分の仕事である設計や製造に活かす――そういう意味では、人財開発にも繋がっているのではないかと思います」

現在、帝国通信工業が推進している「改革」は、会社の制度に関わるもの、組織に関わるもの、社員の能力開発に関わるものなど多岐にわたるが、その根本にあるのが「意識改革」である。これについて、羽生社長は次のように話す。

「最近、私がくどいほど言っているのが『３Ｃ』という言葉です。チェンジ（Change）・チャレンジ（Challenge）・コミュニケート（Communicate）の頭文字、

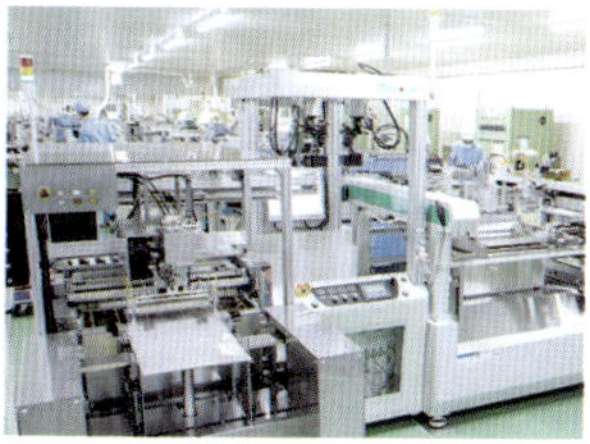

自動化・省人化設備

三つのC。これは、80周年を迎えるにあたって、我われが成し遂げなければいけない意識改革に繋がっています。80年間も積み重ねてきた習慣や行動というのはなかなか変えられないかもしれませんが、これだけは気持ちを強くもって進めていきたいと思っています」

意識を変えるために、例えば、「外から見える」商品を手がけたりもしている。羽生社長自身もそうだったと言っているが、従来の帝国通信工業はBtoB企業ということもあり、自分たちが苦労して作った製品が、帝国通信工業のブランドとして世に出るのではなく、各メーカーの商品の中に可変抵抗器や固定抵抗器などが搭載されているため分解しない限り帝国通信工業の部品が確認できない。

それに対して、スイッチ周りなどの「操作ユニット」はユーザーが手で直接触れる部分であり、製品の評価にも直結する重要な部分でもあるため、メーカーからこの部分の設計・製造を任されるということは、商品の〝顔〟を任されたようなものだ。単に付加価値が高いだけでなく、社員のモチベーションを高める上でもきわめて重要な仕事なのである。「製造業をやっていて、『面白い』と感じるのはそういうとき」だと羽生社長は言い、さらにこう続けた。

「昔、新入社員の面接で『電子部品業界は大変ですよ。目立たない地味な仕事ですよ』

と話していました。この会社で本当にやっていけるのかどうかという覚悟を問うていたわけで、今ではNGなのかもしれませんが……。とはいえ、縁の下の力持ち的な会社であったのも事実です。しかし、新生NOBLEに生まれ変わるには、自分たちが自信をもってやっているというところを外に見せて、打ち出していかなければなりません。そのためにも、『自分たちも主役だ』という意識改革が必要になってきます」

羽生社長によると、社内で意識改革がどの程度進んでいるのかについては「まだ道半ば」ということだが、それでもじりじりと進んでいる手応えは感じているという。

「例えば、社内アンケートの中で『3C』について質問してみると、1年前に『理解している』と回答したのは半数を割っていました。それが直近では、ほとんどの社員が理解してくれています。ただ、こういうことは毎日、お経を唱えるように言わなければいけないと思いますし、言葉を理解するだけでなく、最終的には、仕事をしていく中でその通りの行動ができるようになってほしいと思っています。そういう意味では、継続していきたいと思います」

また、南部長は次のように語っている。

「まず、大前提になりますが、私たちは電子部品メーカーです。世の中から電気がなくならない限り、我われの製品がなくなることはありません。その上で、先ほどお話に出ました、ヒューマン・マシン・インターフェースとかマシン・トゥ・マシン・インターフェースとか、今後もいろいろな製品が出てくる可能性がありますが、お客様からご覧になって、当社が他社さんと比べていちばん評価されているのはどこかというと、『実績』なんです。我われの偉大な先輩方が、国内外のトップメーカーとの間で築き上げてきた文化やビジネスの実績こそ、お客様にとってはいちばんの安心材料になっています。

製品で言えば、先ほど、薄型・小型・軽量というお話をしましたが、その心臓となっている電極シートは、抵抗器を作る技術を利用して作られていて、お客様にも好評をいただいております。また、先ほど社長がおっしゃっていた、技術者が『お客様のところへ行き、生の声を聞く』という取り組みですが、これはもともとやってきたことを、さらに発展させているという話です。そこで長年培ってきたお客様との信頼関係、お客様への提案におけるスピードとアイデアについて、『帝通さんは、開発が現場に入り込んでやっているから……』ということで評価をいただいているわけです」

南部長はさらに、営業サイドの特色についても言及する。

一般に、同業の電子部品メーカーの営業は、技術面に関する話にあまり詳しくないことが多い。初歩的な質問なら答えられても、顧客側の設計者に専門的な質問をされたら手も足も出ない。だが、帝国通信工業の営業の場合、設計者とある程度技術的な話もできるレベルの知識をもち合わせている。そこも顧客から高い評価を受けている理由の一つであり、また、社内的にも開発部門に顧客からの要望・注文を伝える際、その情報伝達の速さと内容の正確さが顧客への対応スピードに繋がっている。

「製造部門を見ても、当社の生産技術力というのはかなり高いものだと思っています。現場の知恵と工夫も取り込み、対応できています。社長のお話にもありましたが、現在、帝国通信工業では医療・ヘルスケア分野に可能性を見出し、全社一丸となってここを攻めていこうと動いています。そのためにも、技術を深化させ、新しいものに進化させていくこと。そして、製販一体となって、営業は営業の、開発は開発の、製造は製造のなすべきことをなしていけば、必ず道は開けると思います」

南部長がそう言い終えると、羽生社長は無言で大きくうなずいた。

「改善」「改良」「改革」は、永遠のテーマである

前節で南部長が示唆した生産技術力の高さについては、羽生社長も「自動化・省人化の推進」という表現で取り組むことを明言している。すなわち、課題に対する改善の取り組みはすでにスタートしている。

そして、社員一人ひとりが「自分たちが主役だ」と自信をもって仕事に取り組むことは、新生NOBLEに生まれ変わるために欠かせない意識改革である。社員が意識改革を成し遂げてこそ、組織の、制度の、様々な改革を推進することができるのである。

「改善」「改良」「改革」——これらに取り組む上で、いちばん大事なことは何か？　羽生社長はこのように指摘している。

「先ほどのお話の中で、皆さんが何度か『当社の強み』ということを口にされています。強みというのは、一見、放っておいても大丈夫なもののように思われるかもしれません。しかし、強みであったり、競争相手よりも有利な場所に立っているという事実であったり——それらは決して、何もしなくても同じ場所にとどまり続けることができるものではありません。というより、何の努力も苦労もなしに『同じ場所にとどまり続ける』などということができるはずがないのです」

それを受けて、南部長は——「最近は、展示会に出展する機会を増やしているのですが、その展示物の説明員に我々営業や開発部門以外のメンバーが、来場者に対して技術的な説明をしています。そのため、事前に勉強会などを実施して技術的な説明ができるようにしています。これは、自社の製品知識を取得できるとともに、営業部員としては、普段の営業活動のスキルアップにもつながっています」

いわば部門間の垣根を越える取り組みであるが、臨機応変に対応できる帝通の強み。と羽生社長は指摘する。こうした動きは脈々と受け継がれてきたのかもしれない。

いわゆる何でも屋、ゼネラリストというのとは少し違うが、一芸に秀でているだけでは視野が狭くなる。営業だから営業だけやっていればいいというわけではなく、技術的な話や製造的な話についてもしっかり理解して、その上で自分の商品を売り込んでいく――そういうアピールの仕方が、自分の強みになっていく。もちろん、営業だけの話ではない。

帝通の様々な製品を製造している設備を設計製作している生産技術部隊は、「汎用性を意識した設備」という点に最大の特徴がある。「この製品の生産が終わったら、この生産設備はもう用済み」という関係性ではない。生産ラインを組み直し、作業方法を見直して、次に繋げる。その結果、毎回試行錯誤をし、工夫を重ねながら、生産設備を維持することができるのである。これもまた、改善・改良・改革の一環といえるかもしれない。

羽生社長は言う。

「――これらのテーマは、一度着手したらそれで終わりではありません。それも、ただ繰り返すのではなく、そのときそのときで、状況に合わせてやり方を変えていかなければばなりません。会社が存続する限り、『改善』『改良』『改革』は永遠のテーマなのです」

80年に及ぶ歴史の中を生き残ってきた帝国通信工業にとって、現在迎えている変化など、創立以来これで何度目になるか思い出せないくらい、繰り返し直面してきた程度のものでしかあるまい。とはいえ、何度となく変化に直面しながら今日まで会社が存続できている理由は、先人たちの労苦もさることながら、実体験を通じて生き残るための様々なノウハウを学んできたからに違いない。

例えば、記憶に新しいコロナ禍では、帝国通信工業が被った影響は決して小さくはなかったものの、無事に生き残ることができたのは、様々な事業領域に、バランスのよい比率で事業を展開することができたからではないか――と分析しているのは羽生社長である。羽生社長はさらに言う。

「過去には、一つの事業領域に売上なども含めて依存してしまった時代もありました。しかし、最近は様々な分野でバランスよく事業が存続できていると思います。AV機器とか、車載部品とか、昔はもっと比率が大きく、その分売上金額も大きかったのですが、バランスからすれば今のほうがよくなっていると思います。

生活家電やデジタルカメラなどのスイッチ周りの操作ユニットは、当時と比較してだいぶ減少していますが、それを埋め合わせるように、センサ関係の受注が増えてきており、そこへさらに、新たな事業領域についても、種をまいた成果が芽吹き始めているように思います」

第5章で詳述した「医療・ヘルスケア分野」と共に、これからの帝国通信工業が可能性に期待を寄せているのが、ＥＶ車（Electric Vehicle／電気自動車）関連の事業がある。

ＥＶ車には、抵抗器ひとつとっても「車に搭載される抵抗器」と「充電設備などに搭載される抵抗器」があり、ＥＶ車関連の領域に参入していける可能性がある。抵抗器メーカーとして、また車載部品メーカーとして、是非とも打って出ようと思っている

――そう語るのは、商品企画部の林部長である。

また、医療・ヘルスケア分野については、今後、大学発ベンチャーとのコラボレーションを積極的に推進し、特に「生体電極センサ」に関しては多くの引き合いが集まってきているという。

なお、帝国通信工業では創立80周年を機に、研究開発棟および本社社屋の建て替えをはじめとする様々なイベントが企画された。社内でプロジェクトチームを発足させ、記念式典や祝賀パーティーの開催はもちろん、社内からのアイデアを公募して、新規事業

や新商品開発、社内改革など様々な取り組みのヒントにし、優秀なアイデアには式典当日に表彰式を行った他、インセンティブを支給するなどして社員のモチベーションを高め、会社全体を盛り上げたという。

この80周年イベントプロジェクトの一つに、「社員による自己紹介プロジェクト」というイベントがある。これは、羽生社長の言う「三つのC」のうち、どれか一つでもいいから選択してもらい、社員一人ひとりが「私は、今からこれに取り組みたい！」と宣言することで、より意識改革のモチベーションを上げるというものだ。その他、イベントや企画がめじろ押しで、羽生社長以下経営陣も大いに楽しみにしているという。

ただし――80周年というのは、一つの通過点にすぎないということを忘れてはならない、と羽生社長は釘を刺す。

「20年後には、帝国通信工業は100周年を迎えます。その時にも目指す方向を見失わないよう今から一人ひとりが自分のなりたい姿を意識するように、めざすべき会社、理想の会社というものをイメージして、そこに向かって進んでいってほしいと思います」

羽生社長の双眸《そうぼう》は目先の80周年を通り越して、はるかその先を見据えているように見えた。

研究開発棟および本社社屋イメージ　2027年秋完成予定

3つのCを記念作品とした

終わりに

―制作を終えて―

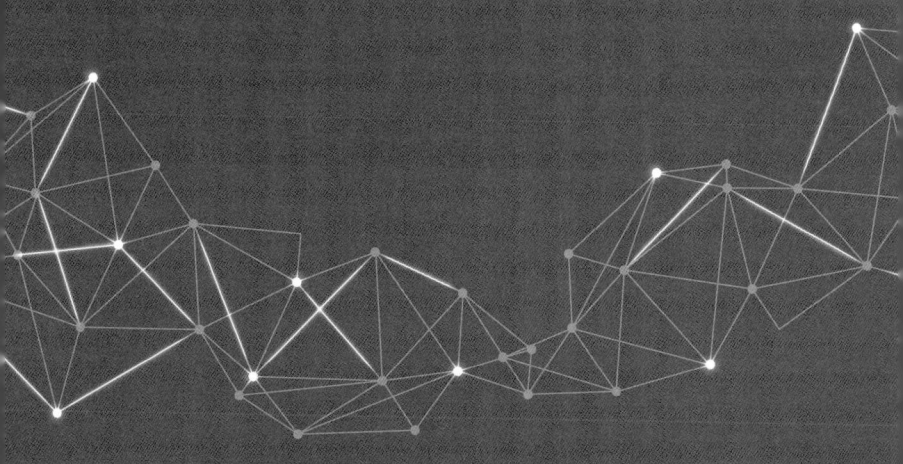

ニッチな業界の知られざる内部事情を克明に

巻頭で代表の羽生が述べているように、本書の出版は、当社の創業80周年記念として企画されました。当社ではこれまで、創業50周年、60周年の節目にそれぞれ社史というかたちで出版物を発行しており、今回も「80年史でいいのではないか？」という意見もありました。

しかし、社史というものは極めて私的な出版物であり、社内や関係者の皆様、お客様に配布されるものの、多くの場合、手に取って読まれることもなく本棚の隅で埃《ほこり》をかぶることになりがちです。せっかく、社内から大勢の人間が参加し、それぞれ日頃思っていたことや、あまり口には出す機会のなかった苦労話や貴重な経験を語ってくれているのですから、どうせなら一人でも多くの読者の目に触れるようなものにしたい――そう考える向きも社内にはありました。そんな折、思いがけず「御社の80年の物語を、一冊の本にしてみませんか？」という話が舞い込んだのです。

社史との最大の違いは、これが全国の書店の店頭に並ぶということ――。すなわち、当社とは無関係の、一般の読者の方々が手に取って中身をご覧になる機会もあるわけです。出版不況といわれる現代、世の中には多くのビジネス書が溢れていますが、その中には、ニッチな業界の知られざる内部事情を克明に描いた「業界本」と呼ばれるジャンルもあり、そこには一定のニーズがあるといわれています。もっとも、当社のような電子部品業界の本にどこまでの潜在的ニーズがあるのかは正直、わかりませんが――。

ともあれ、今回の出版企画の話がまとまると、制作作業は急ピッチで進められました。そして、BtoB企業ならではの苦労はありましたが、一冊の本ができあがったのです。本文中に名前の出ている方々ばかりでなく、今回の企画に全面的に協力してくれた多くの社員の皆様。そして、日頃からご愛顧を賜っている顧客企業各社の皆様。この書籍発刊に対し寄稿いただいた南山大学の中島裕喜教授。さらには、今回の企画を主導し、素人の寄せ集めだった我われを的確な指示とアドバイスで一冊の書籍の著者にしてくださった株式会社ダイヤモンド・ビジネス企画の諸氏に、この場をお借りして心からの感謝を申し上げます。

本当に、ありがとうございました！

帝国通信工業株式会社（80周年記念出版委員会）
取締役常務執行役員　業務統括　丸山睦雄

「80年の航海から、プライム企業として100年への大航海に向けて」

私たち帝国通信工業は、創業80周年を迎えました。

この長い歴史に重みを感じると共に、今日まで支えてくださったあらゆるステークホルダーの皆様に厚く御礼申し上げます。

弊社を船に例えると、1944年8月に出航した「帝通丸」は、船団というNOBLEグループを形成しながら、昭和～平成の時代の波を乗り切り、現在、80年の航海を迎え、令和の大海原を航行中です。

今日まで、この長い航海では、終戦からの復興による経済成長に支えられ、「帝通丸」も順調に事業成長を図ってきました。一方、リーマン・ショック、東日本大震災、タイ国の大洪水などの自然災害もあり、直近では世界を恐怖に陥れた新型コロナ禍もありましたが、乗組員であるNOBLEグループ社員全員が一丸になって力を合わせ、強力な推進力で乗り切ることができました。

これまでの「帝通丸」の辿《たど》った航路を振り返りますと、1944年8月の創業以来、エレメント技術をコアに可変抵抗器、固定抵抗器を原点として、抵抗器の技術を基礎に全面操作ブロックの製品開発を行い、生活家電、自動車、AV機器などに幅広く当社の電子部品が採用されました。近年では、エレメント技術と印刷技術をさらに深化させ、「高精度」「高寿命」「高品質」の抵抗式センサを開発し、精密機器や医療機器などにも使用されるまで進化を遂げて、80年の航海日誌（ログブック）を刻みました。

次に、100年への大航海に向けての話ですが、この先また起こり得るかもしれない時代の変化に耐えられるように、中期経営計画で掲げた「抵抗器のNOBLEから新生NOBLEへの深化と進化」を長期ビジョンとして旗印に掲げ、社員一人ひとりが「Change」「Challenge」「Communicate」の「3C」に基づく意識改革を図りつつ、めざすべき姿をしっかりイメージすることが必要だと考えております。このため、私たちは以下の通り、プライム企業にふさわしい業績や組織体制を築いていくことを宣言します。

1. 組織改革：事業の持続的な成長を図るため、事業基盤の土台強化をはじめ、強固な船体に改造し、推進力＝業務改革を加速的に進めます。
2. 商品拡充：将来の柱となる商品を育てるべく、新領域への拡販、新製品開発、製造力アップという、新たな航路と武器＝斬新な発想力をベースとしたコア商品の開発を強力に進めます。

昨年、創立80周年の節目を迎えるにあたり「さあ、NOBLEと実現しよう～Together, we make good sense～」を新スローガンとして掲げました。「帝通丸」が永遠に航行するために、また、さらなる事業成長を実現するために、ステークホルダーの皆様と共に未来のNOBLEを見据えて、私たちはイノベーションを進める主役として、たくさんの"good sense"を生み出し、100年への大航海に向けて「出航」致します。

今後とも帝国通信工業へより一層のご支援をいただきますよう、よろしくお願い申し上げます。

代表取締役社長　羽生満寿夫

【著者】
帝国通信工業株式会社（ていこくつうしんこうぎょう）
英: Teikoku Tsushin Kogyo Co., Ltd.
NOBLE（ノーブル）ブランドで電子部品を展開。
1944年の創業以来、「ものづくりに関する大切な工程は、できる限り自社で手掛けたい」という創業者の信念を受け継ぎ、要素技術に磨きをかけ、
素材研究から設計、設備構築から量産工程までを一貫して自社で行える電子部品メーカーとして、家電製品をはじめ、自動車やヘルスケア機器などに電子部品を供給し続けている。また、業界の変化に対して、変化に呼応した研究開発を推し進めると共に「改善」「改良」「改革」を永遠のテーマに生産革新を継続している。
【沿革】
1944年8月1日、東京芝浦電機（現東芝）・日本電気（NEC）・日本無線（JRC）を中心に、電機系メーカー5社の出資により設立（払込資本金・1,500万円）
1961年10月、東京証券取引所株式市場第2部に上場
1970年10月、大阪証券取引所株式市場第2部に上場。
1971年2月、東京証券取引所・大阪証券取引所の各市場第1部へ上場指定替え。現在、東証プライム市場（6763）。

80年続いてきた革新
とどまることのない革新の80年、最先端を支える生産革新の歴史

2025年1月28日　第1刷発行

著者 ―――― 帝国通信工業
発行 ―――― ダイヤモンド・ビジネス企画
〒150-0002
東京都渋谷区渋谷1丁目6-10 渋谷Qビル3階
http://www.diamond-biz.co.jp/
電話 03-6743-0665（代表）

発売 ―――― ダイヤモンド社
〒150-8409　東京都渋谷区神宮前6-12-17
http://www.diamond.co.jp/
電話 03-5778-7240（販売）

編集制作 ―――― 岡田晴彦
編集協力 ―――― 浦上史樹
装丁 ―――― いとうくにえ
DTP ―――― 齋藤恭弘
撮影 ―――― 伊藤博幸
印刷・製本 ―――― シナノパブリッシングプレス

ISBN 978-4-478-08520-2